傑森・莫克斯基 *Jason Merkoski*——著 吳慕書——譯

推薦序　形塑中的未來閱讀行為

何飛鵬

這是一位催生Kindle的核心成員所寫的電子書誕生之回顧。

這也是一位傳統紙書的重度使用者所寫的電子書轉換使用經驗。

這更是一位數位行家觀察整個人類的科技生活演進，對未來閱讀行為所做的預測。

這也是一位未來學者對人類未來生活的可能發展，所做的一些分析與預言。

傑森．莫克斯基（Jason Merkoski），亞馬遜（Amazon）的第一位技術傳道士，在他的投入下，完成了前三代Kindle的開發與上市，在這本書中，他首先為我們揭開了Kindle的開發與上市過程，其精雕細琢，反覆推敲，不放過任何細節的精神，說明了Kindle這一個高度破壞性的商品，為什麼能一擊命中，成為橫空出世的熱門商品，也從此開啟了數位閱讀的新時代，亞馬遜徹底改變了人類知識傳承的方式。

身為電子書先行者的莫克斯基，對電子書的未來毫無懸念，絕對是人類社會不可逆的必然趨勢，而紙本書未來極可能變成人類懷念的骨董物件，不過對於此一現象來臨的時間，他並未提出預言。

不過我們可以合理推估，當數位原住民（digital natives）統治全世界時，就是紙書骨董化的時候，而這個時間極可能是二〇五〇年前後。當二〇〇〇年出生的嬰兒，從啟蒙時就已經活在數位時空中，他們對紙書應沒有太多留念。

全書也對未來的電子書閱讀行為做了一些極具啟發性的預測，例如：雲端書櫃、世界全部連成一本書、微型投影機閱讀器、二手電子書市場會出現嗎？這些都是有趣的話題。

我們的現況是每一個人家中都有一個實體書櫃，儲存了一百、兩百或者一千、兩千本書，但是未來的電子書閱讀，所有的書架都會移往雲端，不論是Google或者是亞馬遜，可以離線也可以聯網閱讀，這是閱讀行為的徹底改變。不過這種改變更大的影響是人類對生活空間的使用也跟著徹底改變，想像一下家中缺乏了書架及書的陳列，只剩下一台iPad，不免有悵然若失的感覺。

莫克斯基對未來電子書會本本互相串聯，而將全世界的電子書都串成一本書的預測，也極具想像力。

他認為全世界書籍都電子化而且儲存於雲端之後，所有的書都互為深度延伸解釋，也可以延伸閱讀。當我們從一本書進入，中間提到任何專門知識，都可以隨時連結到另一本書，如果不斷串聯，無形中不知不覺把全世界的電子書都串成一本書，人們的閱讀，可以在網上無限遨遊。

至於微型投影機又打破現在手持式閱讀器的想像，只要有微型投影機，可以把任何牆面、桌面、平面變成呈現電子書內容的介面，尺寸、大小都可以隨心所欲地調整，這勢必讓閱讀行為再一次進化。

現實世界中，我們購買了紙本書，我們就擁有此一實體書的財產權，如果我們不需要，我們當然可以轉賣，這就是二手書市場。而未來電子書我們也一樣擁有此一權利嗎？

目前所有的電子書販售平台，雖然尚未提供二手電子書的銷售服務，不過本書作者認為，未來電子書市場成熟之後，二手電子書市場也會成立，這無疑是認同購買電子書，不只是購買閱讀權，而且還擁有電子文檔的所有權，這會牽動電子書銷售平台的運營。

這是一本電子書第一線從業人員對電子書演變的描述，同時也預測了未來的新閱讀行為，內容觸及了許多細節，可以提供關心閱讀的讀者及內容生產提供者，作為參考，值得一讀。

（本文作者為城邦媒體集團首席執行長）

推薦序　從紙本到數位閱讀的世代交替

傅瑞德

從早期電腦上可以顯示「一般人所能理解的文字」開始，就有人想過把書本在螢幕上重現，並且運用電子媒體的多樣性和即時性創造不同的閱讀體驗。而隨著一九九〇年代初期筆記型電腦逐漸普及，隨身閱讀的電子格式更逐漸浮現在大家的想像之中。

事實上，早在一九八〇年代日本流行的「電子手帳」中，就已經可以看到現在所謂電子書的蹤跡，但由於電子手帳並沒有在日本以外的地方普及，所以並不算是全面性的革命。但在一九九三年蘋果（Apple）推出第一款「個人數位助理」（以下稱ＰＤＡ，這個字正是蘋果發明的），也就是牛頓（Newton），再加上之後的Palm Pilot低價版ＰＤＡ問世之後，透過網路接收行動資訊、閱讀從簡訊到大部頭書籍的文字內容，都不再只是夢想。

對於大多數人而言，所謂電子書的印象多半始於大約二〇〇〇年前後「ＰＤＦ＋筆記型電腦＋網路」開始普及的年代，大致上也就是本書作者所謂「一九九〇年代就撰寫並出版第一本線上電子書」的那段時間。

從二〇〇〇年到二〇〇七年之間，是電子書的混沌時期，也就是我常說的「有技術、沒平台」的狀況；除了還剩少數人堅守的Palm平台之外，基本上並沒有適當的行動平台可作為書籍閱讀之用，對於筆畫較多的中文而言，適當的載具可說幾乎沒有。

對於數位閱讀而言，二〇〇七年是一個重要的里程碑。當年度有兩項最重要的產品問世：亞馬遜的Kindle電子書閱讀器，以及蘋果的第一代iPhone和iOS作業系統。iOS平台後來衍生出了iPad平板電腦，成為重要的行動閱讀工具之一，這已經是許多人耳熟能詳的歷史；而Kindle則奠定了電子墨水（e-ink）閱讀器的產業標準，也讓亞馬遜得以延續全球線上紙本書店龍頭的氣勢，藉由Kindle建構起整合了出版、通路、電子商務的數位閱讀生態系統，也成為各家電子書業者（包括蘋果在內）所仿效的目標。

本書主要著墨的，就是Kindle誕生之後對於整個數位閱讀市場的影響。如果作為閱讀者的您，對於Kindle在上市之前的源流、上市之後的改變、對於周遭市場的影響，以及對於電子書讀者行為在Kindle問世之後的改變想進一步了解的話，本書非常值得參考。

對於本書，我最推崇的是描繪「電子書讀者行為」的這個部分，這也是其他相關書籍中比較少提及的地方。對讀者行為改變的探討，可以解釋從紙本到數位閱讀的世代交替，那種抵抗和好奇交織糾結的態度，或許也可以解釋為什麼電子書發展多年以來，在亞馬遜生態系之外仍未成為商業市場的主力之一。

如果您想了解的是以亞馬遜為中心的電子書市場，從印刷時代至今的一些出版軼事，以及新舊時代之間的一些思考，像是「電子書內容究竟有沒有二手市場」、「電子書作者如何題贈詞給讀者」，或是「實體書店是否應該擔心電子書發展」等等，本書也提供了很多有趣的方向，甚至可以解答一些長久橫亙於讀者心中的問題。

數位閱讀與出版都有很多觀察的角度，像是作者、出版者、讀者的觀點，製作技術和格式的觀點，靜態與互動形式的互補與對立，最適合現今的商業模式，理想的行動閱讀平台，如何創造紙本時代所沒有的雙向閱讀和溝通體驗等等。而任何一本書都無法單獨探討所有的角度，本書也是如此。

如前所述，本書在幾個角度上有非常詳盡，而且具有啟發性的探討。如果您對於數位出版領域有興趣，必定會在讀完本書之後，在其他方面有更多的疑問與好奇。

我先前出版過的拙作《一個人的出版史》便可作為延伸閱讀的書籍。有別於本書側重於Kindle與電子書發展的關係，《一個人的出版史》則以二〇〇〇年以來從數位出版、編輯、實驗，以至於二〇〇七年之後「有技術、也有平台」的環境下，數位出版在亞馬遜之外的國內與國際市場發展為主，非常適合與本書搭配閱讀。

事實上，拙作本身就是一項數位出版的實驗：紙本與電子版同時推出，電子版提供免費下載；在紙本幾乎售罄之後，電子版仍然繼續擔負著傳達和溝通的任務，除了讓讀者能夠繼續取得、作為閱讀參考之外，也為下一部作品延續觀念與熱度。歡迎您前往下列網頁，免費下載 ePub 3 或ＰＤＦ版本，或者透過拙作與我聯繫，一同討論和推動數位出版的未來。

http://puomo.co/pubhistory

（本文作者為潑墨數位出版行銷有限公司創辦人）

推薦序　見證第二次古騰堡革命

董福興

當談論電子書時，大致上有三個方向的見解：

- 概念面：為什麼非得有電子書不可？
- 技術面：該怎麼讓電子書成真，並且大眾化？
- 商業面：如何完善電子書的商業模式，使其能持續發展？

身在台灣，我們所聽聞的消息都屬於最末者。看到亞馬遜推出Kindle後，銷量與獲利在全世界節節上升；看到蘋果推出iPad後，給電子書表現帶來各式各樣的可能性；個人作者如何藉由電子書崛起……但為什麼要做？又怎麼辦到？這些資訊極少，以至於台灣電子書產業在二〇一〇年後聲音逐漸消退，數年後甚至到了匍匐前進的地步。

商業模式上的成功固然重要，但非營利的電子書計畫——如美國的古騰堡計畫、日本的青空文庫，卻堅實地分別從一九七〇年代與一九九〇年代走到了現在。可見得推動電子書發展的理想，有更重要的文化意涵。

傑森．莫克斯基這本書，正是站在亞馬遜商業面的成功，補足概念與技術上的思考。前半部分，他為Kindle的誕生過程揭祕。亞馬遜在產品開發保密上的力道，向來不輸蘋果。你可以明白地看到亞馬遜在建構這場第二次古騰堡革命上，做了哪些思考，以怎麼樣的方式發現、解決問題，以提供優秀的使用者體驗。

後半則放下Kindle的成功，一一為讀者解決疑惑，並且指點出電子書向未來發展的各個方向。從社群閱讀、個人出版、教育應用，以至於書寫與閱讀在數位脈絡下的改變，這些在美國圖書博覽會（BookExpo America）、歐萊禮Tools of Changes（O'Reilly Tools of Change）、網站典藏計畫館（Internet Archive）的Books in Browsers等烽火線上研討會中討論的趨勢議題，作者集大成地整理並且表達自己的見解。同時反映了他所謂的「數位書寫」的改變——以簡單易懂的方式，讓你一讀就懂。每章文末的「書籤」所談及的各個議題，像是：書店、書的封面、電子書的品質、圖書館……更是字字珠璣，直指問題癥結，極為精采。彷佛融合費夫賀（Lucien Febvre）與馬爾坦（Henri-Jean Martin）合著的《印刷書的誕生》（*L'Apparition du Livre*），以及威廉・布萊斯（William Blades）《書的敵人》（*Enemies of Books*），不過將對象換成了電子書。

稱這本書為美國電子書精采十年的濃縮並不為過。在閱讀時，你很容易隨著作者快速的論述大步前進，但你需要把自己拉回一步，細細閱讀關鍵的幾個段落，你會對電子書產生的疑問，這本書都能提出解答。

讀完以後，你也許更能理解為什麼電子書會是「第二次古騰堡革命」。古騰堡活版印刷術令經院抄本走出書閣，書的普及造成了宗教與知識、產業革命。電子書讓龐大的知識透過網際網路，讓人人都能接觸得到書，透過分享、討論，集體思索，同時帶來的出版機會也讓讀者都能轉化成作者，彼此相繫，真正的變革現在才開始。

但回到在地，我們多少會感覺到些失落。亞馬遜引領的巨大變革並未發生在這塊土地上。繁體中文電子書的數量不多，在閱讀程式（或閱讀器）上的表現仍與紙書有一段距離。取得、閱讀一本電子書也許比在網路書店上訂購一本印刷書還困難……我們期盼變革發生之前，也許還得花上幾年的時間重整地基。我希望這本書能讓在出版、技術產業的人更了解海外的實際發展，一齊面對過往忽略的問題。更希望讀者能對書中提出的想望產生憧憬，以群體的力量推動、加速發展。

這不是件不可能的事。日本電子書過往也有著規格亂立、表現不理想、書量不多的問題，但在二〇一二年起迅速追趕（亞馬遜依然是推力），現在亦已夯土扎實，得以開展各種可能性。

台灣這些年於各產業上都面對著邊緣化危機，不過出版依舊是中文世界的核心。印刷書不是能輕易全球流通的貨品，但電子書透過網際網路就超越了物理的藩籬。現階段也許不成氣候，但在網路時代，倍速成長、翻轉的例子比比皆是，在那之前，我們依然需要耕耘播種。若這本書促使著你做些什麼，不妨試著找一本中文電子書讀一讀，或者試著自己寫一本電子書上網分享、販賣。

我們不需要等待未來，而要走向未來。

（本文作者為汪達數位出版創辦人）

免責聲明

這本書主要是回憶當年我在電子書革命前線工作的時光，也包含我對電子書發展的個人意見與預測：我們走過的路和前方的路。這本書的內容是根據我的意見、個人經驗和亞馬遜及其他公司公開發表的數據資料而來。

書中所表達的意見、預測與脈絡，以及每篇章節結尾處附帶連結所涵蓋的線上內容，全屬我個人所有，完全與亞馬遜（Amazon）及關係企業或子公司，或書源出版社（Sourcebooks, Inc.）無關；它們全都無須為本書的內容或本書的線上內容負責。

「這是一本書，親愛的。一本魔法書。……」

她睜大了雙眼。這本書開始對著她說話。

——尼爾・史帝芬森（Neal Stephenson），《鑽石年代》（*The Diamond Age*）

目錄

《推薦序》
形塑中的未來閱讀行為　何飛鵬／3
從紙本到數位閱讀的世代交替　傅瑞德／6
見證第二次古騰堡革命　董福興／10
免責聲明／14
1 緣起／21
「書籤」簡介／29
2 書籍的歷史／32
書籤：在床上看書／43

3 電子書的起源／46
書籤：注釋／53
4 推出Kindle／58
書籤：背包、書包和行李／79
5 更臻完美：發表Kindle2／82
書籤：焚書／89
6 第一位競爭者／94
書籤：瀏覽群書／108
7 閱讀活動的神經生物學原理／111
書籤：情書——夾在書頁中的祕密／117
8 為什麼實體書（電子書）永遠無法被取代／121
書籤：索引／130

9 終於點燃讀者熱情！／133
書籤：簽名書／142
10 蠟製滾筒與技術過時／145
書籤：二手書／151
11 煽動革命火焰／155
書籤：題詞／161
12 創新者及落後者：出版業的新樣貌／165
書籤：書店／181
13 我們的書正移往雲端／185
書籤：書架／194
14 Google：臉書版的閱讀平台？／198
書籤：探索群書／205

15 全球化／209
書籤：字典／216
16 語言變遷：「當四月帶來它那甘美的驟雨……」／220
書籤：書頁邊緣捲角／226
17 教育：紙本或數位？／229
書籤：書封／240
18 圖書館／244
書籤：書蟲／250
19 微型投影機：電子閱讀器硬體的未來？／255
書籤：消失的圖書館／263
20 書寫的未來／267
書籤：退化中的文本／276

21 數位化文化／280
書籤：書已質變／293
22 閱讀：一門日漸式微的藝術／298
書籤：注意力廣度／306
23 結語：數位化的最終疆界／312
致謝／323

1 緣起

這是一則有關電子書的故事。這是一則有關Google、傑夫・貝佐斯（Jeff Bezos）和古騰堡（Gutenberg）幽靈的故事。它是講述電子書革命的真實故事，即何謂電子書、它們對於你、我、我們的未來和閱讀本身，究竟代表什麼意義。

我很幸運，這場革命一開始就躬逢其盛。我是亞馬遜Kindle的創始團隊成員之一，這個小圈子在閱讀領域發動革命，打算改變這個世界閱讀的方式。我是在Kindle仍處於草創階段就加入其中，目標任務是讓所有語言的書籍都能在六十秒內下載完畢。在亞馬遜，我是一名工程師經理、專案經理、產品經理與傳道士，因此培養出從大格局看待電子書的視野，觀察它們如何被創造、販售及閱讀。

我不僅在這段時間學到所有電子書相關知識，也發明許多現在習以為常的功能。如果你是Kindle用戶，在這項產品的打造過程中，我曾推了一把。我在亞馬遜待了五年，Kindle的成功遠超出我們所想像，銷售告捷、廣受歡迎，而且的確改變我們的閱讀習慣。我們意圖改變世界，我們也辦到了。

我們發動一場電子書革命。

每當我談及革命，指的不是改變政治或政權那種革命，像恐怖統治或法國大革命；也不是在談論大屠殺和斬首示眾。我指的是社會運動，它們改變我們生活、思考和看待周遭世界的方式，好比工業革命或人權運動；我指的是技術革命、科學革命、社會革命。

當技術和文化碰撞，就產生革命。

電子書革命正在改變閱讀和書寫的所有規則、改變娛樂的方式，也讓我們的文化在電子化的過程中昇華為不朽。電子書的能耐實體書永遠無法企及。現在，你下載一本電子書的速度和打一通電話給朋友一樣快；你可以把圖書館放進口袋裡；可以寄發一千本電子書到一所位於非洲鄉間的學校，無須擔心被隔離受檢、海關、賄賂和糾纏不清的降落傘繩線；你和我可以在相隔大半個地球的情況下同時閱讀一本電子書，而且能一起討論、各抒己見。

我們之所以為人，有別於其他所有動物，全拜書籍所賜，人類與書產生連結，藉此跨越文化與語言的鴻溝，也才得以彼此連結。閱讀這個曾為孤獨與私密的活動，如今可以是一種社交活動，放諸四海皆準。

電子書具有激勵我們的力量。

這些都是閱讀的無常時代。一九六〇年代，任何看過電影《畢業生》（*The Graduate*）的人都知道，當時所談論的未來是指「塑料」，但時至今日，未來指的是數位。未來我們使用物聯網所連結的電子書這類裝置，無論你身在何處都有問必答。在某些方面，未來已經近在身邊了。

例如，你可以開始在電子閱讀器上看電子書，然後因為接聽來電而中斷，等掛了手機再繼續也沒問題。你在哪一種裝置上閱讀電子書一點也不重要，因為無論你走到何處，它總是可以無縫整合所有裝置；你可以把電子書當成礦坑裡的金絲雀（譯注：意指事先發出警告），讓你看清未來將走向何處，而且不只是數位內容，更包括我們的數位生活。

電子書就是實體書的喪鐘嗎？還是說，它們會幫後者帶來新生？電子書會提供你足以提升閱讀體驗的功能嗎？還是說，它會分散你的注意力？這些與書籍有關的種種實驗將會摧毀它本身嗎？還是說，它們會提升電子書的層次，最終在我們的文化中占有一個光榮的地位？當我們的閱讀習慣改變，我們將如何在理智上與情感上也隨著改變？

真是大哉問。

雖然我是電子書發明家與技術專家，但我也是個人文主義者。電子書永遠不會散發出好味道，像帶有霉味的圖書館藏書，或童年讀過的書，內頁還夾著多年夏天被你遺忘的紫丁香花。充其量，電子閱讀器會聞起來就像甲醛與塑料，或是過熱電池的金屬氣味。

如果你像我一樣，熱愛書本就像各種你可以伸手觸摸的東西，像是把書角摺頁，或是在書頁寫下注釋，而且書封讓你看了就開心。你和我都擔心，把我們的私人圖書館全都輸入一個小工具裡，然後如果我們不小心讓它掉進浴缸裡、誤踩到它，或是和一堆髒衣服一起進了洗衣機，這將意味著什麼；如果你像我一樣，你的藏書量會比朋友數還要多，不管臉書（Facebook）一直告訴你，社群網站上有什麼新鮮事。

話說回來，雖然我全心全意熱愛實體書，我也相信，電子書威力無窮。我在亞馬遜待了五年之久，發明出電子書技術、發表電子書裝置，還創造出瘋狂的閱讀新方式。因為我待在這個團隊實在好久，變成裡面最像電子書巫師的人，也就像是部落長老，對著比我晚加入亞馬遜的所有人聊起當年Kindle祕辛。所以，我打算提供你同樣的內幕消息，只不過我要談的是整個電子書世界，而非僅是Kindle。這本書會解釋電子書怎麼誕生，一旦你明白前因後果，就能前瞻閱讀、溝通與人類文化的未來。

畢竟，有時候當你想知道前方通往何處，最好的辦法就是先回顧你的來時路。

§

所以，我是打從哪裡來的？如果我的人生中有一則故事，那就是書本的故事。

有些人在浴室裡堆滿雜誌，但我是疊了一座電子閱讀器小丘，有一台索尼（Sony）閱讀器、一台Nook和一台iPad，不一而足；我也在床邊疊了一堆書，大概二十多本，一本接一本，多數都是翻開的狀態。我走到哪都帶著書，甚至開車時也放有聲書來聽。我擁有超過四千本實體書，電子書更多不可勝數。小說、非小說：每一本我都愛。

我出生在紐澤西州，大約位於這個花園州的藍莓果園與大西洋城賭場之間。我的祖父從未學過讀書寫字，他是紐澤西州的卡車司機，僅能經年累月設法攢下一堆硬幣，好供我老爸上大學。我的老爸在一家報社工作，總是帶著一身報紙味和最新頭條新聞回家。

還有什麼好說的？我的血管裡面流的是墨水。我在學時是個害羞的小男孩，所以，從上學前、在校時間及放學後，經常埋首書堆裡。現在回想起來，似乎我在學校裡的多數時間都用來看書了。

我就讀美國麻省理工學院（ＭＩＴ），起初受訓成為物理學家，因為我想要知道整個宇宙如何運作。不過我後來發現，數學更通用，所以就轉系了。再來我又發現，我總是把數學拿來當符號用，就像是文法一樣。數學是一門語言，但無法用來說故事，英語更能充分表達，所以之後我就開始寫作了。

畢業後，我花了十年的夜晚和週末寫作，埋頭產出一本背景設定於一九三〇年代的大部頭小說。在那段時間裡，白天我有一堆工作，幫一票東岸的公司搞技術，還幫摩托羅拉（Motorola）建置第一套電子商務系統。但是在網路泡沫期間，我給自己放了一段長假，搬到新墨西哥州寫完我的小說。在網路泡沫期間，每個人都大發利市，我卻在寫大蕭條時代的故事！

當我終於完稿，這本書已經是百萬字的長篇累牘。我把它上傳網路，當作網路時代的第一本網路小說。它還真是稱得上電子書面世前的第一本電子書哩。你可以在自己的瀏覽器上翻頁、在你喜歡的字句旁寫下注釋，也可以標記頁數。如果你中途暫停，然後想恢復閱讀，可以從打斷的地方繼續讀起。我從頭開始創建所有這些功能，卻不明白自己正在打造第一台電子閱讀器的基礎。

進入二十一世紀的頭五年，我住在新墨西哥州的荒涼野外，當時我聽說亞馬遜和Google都在搞書籍電子化的專案。我這個書蟲兼文字愛好者深感好奇，於是前去應徵兩家公司。兩家的艱難面試我都通過了，基本上就是一整天都被鎖在會議室裡。你和每一位進來面試你的人談個一小時，然後你在白板上寫程式碼或是繪製架構圖。

這道過程既嚴格又困難：有時候有些應徵者會在面試結束後大哭，因為知道自己過不了關，所以被警衛架出去。整體而言，不僅面試艱辛，很多科技公司也會在過程中設計「抬槓者」的角色，他們專問你一些難到不行的問題，好讓你以為自己搞砸面試了。

我大剌剌地走進去，穿著牛仔靴和帶有迷幻味的花花襯衫，和T恤上還殘留烤肉油漬的過勞工程師面談。我談了語言學、自學的梵文，出版、書本狂熱和寫作。最後，我談到自己的技術專長和未來願景。我的面試先馳得點，在談判薪資時還挑撥這兩家公司。

亞馬遜有一位總監打電話遊說我去他的部門工作。至今我仍記得通電話那天身在何處：坐在陽光籠罩的地板上，聽著他的聲音從千里遠的地方斷斷續續地透過電話線傳進我的耳裡。我住在偏僻郊區，是電話與電力輸送的末端。在一片靜電干擾中，他暗示我，亞馬遜正在搞一個祕密電子書計畫，如果我加入這項專案，我要什麼職位，開口就是。

我選了難度最高的團隊，任務是發明出一種把實體書內容轉成電子書的方式。兩週後我飛到西雅圖參加新進人員入職培訓，看著頭頂上方的投影機放出貝佐斯的臉，一邊歡迎我加入，一邊對我說樂在其中、創造歷史。我加入了Kindle團隊，一連好幾年都在搞一個現代版的古騰堡計畫。我們這時所研發的Kindle大都是數位型態，所以你無法實際看到它，就好比是海面下的冰山一角。你所看到的外在表現形式就是塑料和金屬合成的扁平裝置，也就是Kindle。

你看不到的是好一些擁擠的小隔間，亞馬遜的業務代表每天都在這裡打電話給出版商，要求他們提供更多書本；你看不到的是所有工程師和他們編寫的程式碼，用來每個月固定支付款項給出版社、管理無線下載業務，或是監控讀者的圖書館藏書，以確保一切都還安在。Kindle本身是冰帽，背後的工程誰也看不到。這正是亞馬遜盼見的結果。

沒錯，我確實在亞馬遜玩得很開心，而且也創造歷史。我頭一回加入一個打造出Kindle電子書的團隊，但這只是整趟旅程的起點。我發明一些運用在電子書的技術，還推出前幾代Kindle；我飛往紐約、倫敦和法蘭克福參加書展，極力宣揚電子書的好處；我在菲律賓盯著電子書生產、在中國監督組裝產線；我對著白宮、前幾任總統和太空人解說電子書；我和《連線》雜誌（*Wired*）、藍燈書屋（Random House）合作；我和美式足球聯盟（NFL）的行政主管及維基百科（Wikipedia）創辦人暢談書本的未來。

我也加入一個很刺激的聚落，裡面的成員彼此分享文字的火花，我的意思是，不只是來自亞馬遜：聚落成員來自各地的出版業。有一種人會被吸引到出版業，他們多半有理想性格，因此他們所做的決定也都為了書寫本身，而非為了自己，他們想與他人分享火花或點子。這一類的人都是創新者、理想主義者，而且他們對本書而言很重要，因為他們復興我們閱讀的方式，也給書本帶來全新朝氣。

這本書談到出版業、寫作以及無數種的書寫方式。雖然我的觀點根植於個人在亞馬遜工作的經驗，但本書也探討蘋果（Apple）、Google和大大小小的出版商。就像其他的亞馬遜員工，我把握自己的上場機會，加速Kindle進化，從最初只是貝佐斯心中一個尚未成形的想法，到現今成為一股旋風，在全球點燃閱讀風潮的火焰。這本書所敘述的故事不僅止於Kindle，更涵蓋這一整場電子書革命，包括它的本質、未來去向，以及就好處與壞處而言，它對我們究竟有何意涵。

「書籤」簡介．

在這場電子書革命中，書籍本質和閱讀過程都起了變化。電子書包含每一種在它面世前的實體書裡堪稱有用的東西。它們增加而非弱化閱讀體驗，但是有許多現今大家熟悉的實體書元素正漸漸失靈。有些會完全消亡，有些則會演變成新元素，就某個層面來說，這是好事，畢竟，誰會真正懷念剪紙呢？不過，伴隨這種改變而來的還包括失去老朋友。

我在每一章結尾處都會另闢一則「書籤」，帶我們檢視實體書的某一種討人喜歡或惹人厭的元素；我還會細究，在邁向電子書的過程中，這項元素會如何被影響、轉化或消亡。「書籤」這個字眼是一種視覺雙關語，不只意指傳統實體書的加工品，每一則「書籤」更帶有一段小插曲，述說著書籍已經不可磨滅地彰顯出我們的生活和閱讀文化。這些部分同時帶有感傷與推測意味，而且會像書籤一樣穿插在各個章節之間。

稍後我將在本書中解釋為何我認為終究只有一本書，即書寫全體人類文化的書；我會描述這本書的面貌，有點像是把臉書當成書的概念，我們都以朋友、同事及家人的身分在臉書上互相連結，所有的書也都能採取同樣方式和其他書互動、連結。我們還看不到這種極度超連結的書，但我將在本書中邀請你與我及所有讀者一起集思廣益，以便努力實現這種產品。

在每一則「書籤」最後，你會看到一個網址，你應該連結到線上繼續討論！我真的鼓勵你連結每一個網址，它會帶你進入一個社群閱讀應用程式（app），透過臉書或推特（Twitter）幫你連結起其他讀者、我及一整路的驚喜。這個應用程式安裝簡單，它會解放一個我稱為「閱讀二·〇」的勇敢新世界，串接起一場與作者的對話、一個虛擬的讀書俱樂部，和一名會帶給你特殊意見與相處方式的貼心朋友。請注意，這個網頁是獨立網站，與出版社無關，由我維護。

你點擊每一則「書籤」最後的網址，會引出一連串的驚喜與禮物，包括個人化簽名、額外附贈的章節、從書頁之間迸出來意想不到的小玩意兒、各種能與其他讀者繼續討論的方法，還有一則告訴你如何讀完此書的個人化訊息。你得點擊每一則連結才能一一接收到所有驚喜。

我期待與你深談，因為在電子書革命中，最重要的革命家就是讀者。我們都是革命的一分子，我們都用自己的方式哀悼實體書文化式微。與我聊過的每個人都關心書寫文字，對於書本的未來也都各有強烈見解；對於紙本書與電子書、它們如何改變我們的生活，每個人都有滿肚子故事可說，所以，你的版本是什麼？點擊以下的連結，把你的故事分享給我和其他讀者，同時還可以得到你的個人簽名呢！

http://jasonmerkoski.com/eb/1.html

2 書籍的歷史

如果你從未用過Kindle，那就想像一個書本大小的裝置，可以從亞馬遜線上商店無線下載電子書。它們的閱讀方式與普通書籍無異，你可以翻頁、添加書籤、檢閱封面，也可以跳回目錄頁；但電子書也有不同於普通書籍的地方，它讓你可以調整文字大小、看到生字馬上就可以查詢定義。Kindle就是一部分的電腦、書籍加雲端技術的集合體。

最早期Kindle外盒的包裝看得到一段闡述文字的歷史。你從左側看起就會看到象形文字和楔形文字符號，然後再看到刻印在石頭上的希臘和羅馬字母，接著是木刻的中世紀印刷術，最後印在紙盒右側上才是以現代字母拼成的文字。這一則述說書寫文字的故事，本質上是一則進化的故事。事實上，印刷的歷史就是持久性日益凋零、便利性日益增強。

印刷術始於六千年前中東的楔形文字板，當時人類小心翼翼去除覆在楔子上的泥塊、放進窯內燒製，然後製成字板。這道過程其實更接近雕塑，而非書寫，不過最終成果很耐用就是了。我們至今還在那個地區滿地尋找泥製字板。我喜歡這麼想，印刷術之所以發明，就是為了傳誦故事，像是崇高的英雄、白髮蒼蒼的牧神，不過，實情並非如此，多數字板就只是帳單和發票。例如，二〇一二年十月，土耳其中部發現兩萬四千片楔形文字寫成的商業文件檔案，全都是囤積至今已達六千年之久的支票、稅務表格和貸款票據。

幾乎所有像泥板一樣古老的文獻都是寫在莎草紙上，由沿著尼羅河畔生長的蘆葦草編織而成。它們不像泥板一樣耐用，會逐漸毀壞，不過在埃及大漠發現的莎草紙受塵土保存幾千年，你仍然可以在此找到斷簡殘編。隨著書寫發達，蘆葦供應開始減少，到了西元前五世紀，一種新型書寫技術面世，亦即將文字寫在動物外皮所製成的羊皮紙卷軸上。羊皮紙卷軸的型態大約持續一千多年，但因為是寫在動物外皮上，正如所有擁有皮外套或麂皮褲的人都知道，這種產品衰敗與脆裂的速度都比莎草紙快。

紙張是下一代新發明，就印刷而言是一種更方便的技術，因為木漿可以搗碎後平攤在架上晾乾，然後再裁切成許多薄紙。它的製作成本遠比以往任何技術低廉，但持久度更差，發明至今約兩千年，在發黃、脆化成塵土之前，最多也只能保存五百年。即使用金屬鹽做出可以放更久的去酸紙，也做不到永久不壞。

過去一千年來，印刷技術在其他地區亦見創新，像是東南亞國家使用棕櫚葉，或是某些地區的美國原住民使用樺樹皮，但總的來說，人類文明至今主要仍是用紙居多。

書籍印刷的歷史則是一開始就幾經挫折、顛仆緩行。例如，大約西元兩百年中國就發明雕版印刷，一千多年後才重新在歐洲冒出頭；同理，約翰尼斯・古騰堡（Johannes Gutenberg）雖是世人公認的現代印刷術發明人，他重新發現活字印刷術時，韓國使用這項技術印書都已經七十五年了。不過，並非單一發明就能促成中世紀的書籍大流行，古騰堡尚且結合許多其他發明，包括活字印刷，還有印刷機和油性印墨。這項發明大結合成功造就我們所知的書籍印刷。

我們不了解當初古騰堡想出這些點子之後再集大成的過程，事實上我們甚至不清楚他的長相。他最早期的圖像是在身後才被世人發現。撇開他的創意和幾宗零星的訴訟案不講，這個人幾乎就是個難以理解的謎。如果古騰堡和他的員工曾寫下製作第一本書的過程，那將是一大喜事，可惜什麼也沒有；又或者他們確實記錄了，可惜沒保存下來。沒有隻字片語描述古騰堡的工作團隊，但我兀自想像，應該很像當年報紙印刷一樣，先從整行鑄排活字印刷與鉛字印刷開始，然後就被照相排版和數位排版所取代。

古騰堡在一四五〇年代所用的技術，幾乎與家父的報社技術無異，那是一九八〇年代的事。童年時我曾在週末時造訪父親的報社，目睹龐大的整行鑄排活字印刷機，看起來像是打字機和教堂風琴的結合體。留著一九七〇年代當紅小鬍鬚的員工身穿留下汗漬的T恤端坐著操作，這些溫度過高的機器就一邊噴出水蒸氣，一邊開始產出金屬活字。

這些活字會被放進機台，工人再用扳手絞緊。報紙上每一行文字都得用隔板一條一條隔出來，然後整座機台會被搬到一個龐大的滑輪組系統裡，並送到另一個房間，丟進一個大熔爐，最後鑄成一塊金屬板子，沾勻油墨後在成捲的新聞用紙上印出一整頁的版面。

在裡面工作的這些新聞從業者有人手指嚴重受損，手臂上殘留的油墨印就像是個半永久性的刺青。他們會從一進門上班就開始抽菸，直到凌晨四點下班，為了印製新聞，每天都得幹到很晚。在員工餐廳裡，他們大吃熱狗和甜甜圈，連牆壁上都透著德國酸泡菜的味道，就像他們身上的油墨印一樣濃。

我想像古騰堡的工作室景況差不多，員工身上都帶有墨水印和被金屬割傷的疤痕，聚集在黑漆漆的房間裡工作，然後一起在後方的黑桌上吃午餐、喝啤酒。角落裡可能有一、兩隻狗，舒服地躺著呼嚕大睡，藉個小盹來消化午餐時喝下肚的啤酒。因為有煤煙、滾煮的亞麻籽油和熔鉛的大鍋，工作室裡應該也是煙霧蒸騰。

你會聽到印刷機擠壓運作的聲音，就像擠壓葡萄榨酒一樣；他們在旋緊螺絲時，你會聽到大聲咆叫，還有潮濕的木頭嵌進金屬所發出的咯吱聲。書籍和《聖經》書頁散落在地板上，還有幾張上面寫著最佳放血日期的日曆紙，或是印刷好的教皇親筆信，上面寫著支持對抗土耳其人的活動。地板上會有一大堆燒硬的金屬和幾排鉛字條。「一條」聽起來是軟軟的、滑滑的，很難想像鉛字做出來以後，看起來卻是硬邦邦的。鉛字條是一種排版用的帶狀銅製線，用來對齊排列所有的字母，好準備送去沾勻油墨，然後印刷。

在我的印象中，工作室被分成幾大區塊，一塊用來鑄造熔融金屬、一塊用來沾勻油墨並送印，還有一塊用來操控活動鉛字版的平台，所有文章都在此費勁地一行接一行排版完後才送印。在古騰堡那個時代，用銅製板子印刷書籍整頁文章的成本太高，但在我的童年時，這就是他們用來印報紙的方式。

古騰堡一次排版只印一行，銅是唯一負擔得起的材料。他可以設定一行字，等印好了就拆開字母和單字。如果他得再多印幾份同一本《聖經》或書籍，就得從頭手動做起，一頁接一頁，直到印完整本。不過這就是他能力所及的極限了。

工作室既黑暗又隱密，就像當今任何神祕的高科技公司，生怕外人竊取高明的點子。即使是在一四五〇年代，保密防諜都是首要之務。那個年代專利法規還沒個影，創新者除了極力保密別無自保之法。當時有傳言說英國和荷蘭正在發展自己的印刷機，古騰堡非得小心翼翼不可，因此，工作室裡的德國人都得聚在一起，把他們的專業知識和印書祕訣全都留在城牆要塞裡。

亞馬遜、蘋果和Google都有點像是用自己的方式築起中世紀的堡壘。它們神祕兮兮，就像還沒對西方門戶洞開的中國或日本一樣，或是像西藏或麥加，唯有極少數的例外分子，像是英國探險家理查・波頓爵士（Sir Richard Burton），他總是入境隨俗穿得像個本地人，並藏起雙筒望遠鏡和測量標尺。在某種程度上，用中世紀的說法描述亞馬遜和其他幾家電子書業者倒還挺合適的，因為雖然電子書看似非常先進，今日的我們才剛從閱讀的黑暗時代冒出頭而已。

古騰堡醉心印刷術就像史帝夫・賈伯斯（Steve Jobs）鍾情蘋果，或貝佐斯熱愛亞馬遜一樣。眾所周知，他花了幾個月時間操心一頁應該印刷幾行文字才適合，而且還為此不斷更改行數，以便找到成本與美學之間的最佳平衡。他若增加行數，就能減少印刷頁數，卻會讓書本不易閱讀。

有趣的是，我也曾在亞馬遜的會議室裡目睹同樣場景。我曾與貝佐斯及幾位副總裁開會，他非常著迷於Kindle螢幕上應該要排列的行數。這類會議結束後，我還讀過他在半夜三點發給大家的信。我看到他的腦子就像古騰堡一樣著魔似的動個不停、想個沒完，而且都是為了同一件事。這種感覺好似我們在電子書革命中重新發明印刷術，貝佐斯、賈伯斯和艾瑞克・施密特（Eric Schmidt）這些人就像是古騰堡在幾百年後轉世還魂了。

像貝佐斯這種億萬富翁，不僅經營一個龐大的商業帝國，同時還擁有一家製造宇宙飛船的公司，卻會花上幾個小時著魔似地研究文字行距，至今我仍覺得不可思議！但重視細節事關緊要，革命性的創新和產品生死都取決於這種執迷。我相信，貝佐斯想藉由Kindle在史上留名，他誓讓Kindle成功。

我們所知的印刷術最終是興起於黑暗時代。早年實際的書籍印量相對較少，但每隔十年就有新技術面世，於是書籍變得愈來愈便宜，像是金屬版印刷術、橡皮版印刷術、石版印刷術、電傳排版、大眾平裝版。隨著全球的識字讀寫能力年復一年地提升，閱讀人口大增，書本也就愈印愈多。

隨著電子灣（eBay）、亞馬遜這類網路技術商出現，約莫一九九〇年代末期，找齊史上所有曾用白紙黑字寫下的書（即使一頁也算），才真的成了可能的任務。進入二十一世紀後，我們的生活幾乎隨處可見印刷書本。實體書曾經是財富和聲望的支柱、曾經必須鍍金處理，用精美皮革裝訂，然後才安置於華麗的圖書館與客廳裡的玻璃櫥櫃中，現在卻已是廉價大宗商品了。週末時，你走進任何一家二手書店，會看到所有貨架上的書都可憐兮兮地躺在屋簷下，對愛書人來說，這真是感傷的畫面。

就文化而言，即使書本不再是以往所代表的娛樂媒介選項，我們仍是一個非常重視書香氣質與文化修養的社會；儘管你白天工作忙得像是在打仗，回家後很容易就想癱在軟綿綿的沙發上，打開電視或電腦看你最愛的節目，書本在我們的生活中依然占有一席之地，因為它們是述說與蒐集故事最原始、最真實的形式。書籍之美就在於你是用自己的節奏接納它們，不只是閱讀節奏，更可以愛怎麼跳著看，就怎麼跳著看，不需循線前進。

當然，書本也有自身的局限。它們都很重，度假時很難帶來帶去，搬新家時也不好裝箱打包；書本很麻煩，要找什麼特定內容都很花時間；它們很快就過時，還會老化、發霉、腐朽且脆裂。

總有一天，未來世代會帶著寬厚卻不解的口吻回顧印刷書籍的歷史，就像我們回頭看早年電腦的軟式磁碟片，或是ＩＢＭ那些體積驚人、使用旋轉磁帶的大型電腦。如今我們只會在〇〇七系列電影才看得到這些骨董，而且通常是安置在惡棍大本營裡當作背景。書本大而無當，每一本書所含的資訊量比不上一台電子閱讀器。

請不要誤解我的意思。我是愛書人：有些書甚至堪稱是我最好的朋友，但我看得到書本的局限，也看得到電子書將自然成為它們的延續。沒錯，這意味著，就電子閱讀器而言，未來我們得接受的挑戰之一是，閱讀將成為一種以技術為基礎的體驗；這意味著，閱讀文化將會像所有技術一樣演化、改變。對某些人來說，這似乎挺麻煩的，但請記住，印刷技術也演化了幾百年，距離開端不過才五百年，而且改變並不算很大。

就在你、我從小開始閱讀起，印刷術基本上已經完成進化，但我們現在才站上電子書科技演化瘋狂崛起的浪頭而已；此外，我正身處於出版與零售世界，我敢說，你將開始看見愈來愈多的電子書、愈來愈少的印刷書。讀者正慢慢位移進入數位閱讀，而且對出版社而言，電子書是一門財務誘因更強的生意；經濟效益只會變得更好。

當然，實體書籍還是會繼續印製，但主要是為強力的造勢活動，這類書的新聞能見度高，廣告活動也多；當然，實體書籍仍是一塊有吸引力的市場，就像收藏品一樣，不管它們是骨董書還是特製紀念精裝版。不過，電子書將成為市場主流，幾年後當人們談到「書」時，指的就是電子書，而非實體書；到了最後，連「電子」兩字都可以省略了，因為大家自然都認定書就是數位產品，就像多數音樂都是數位型態，畢竟我們談到音樂時根本不會說什麼數位音樂。

§

書籍的未來充滿可能性和危險性。有了電子書，我們再也不在紙上閱讀，而是在電子墨水（eInk）顯示器或液晶螢幕上；雖然每一種螢幕各有獨家技術，但每一種電子閱讀器裡裝的都是一顆能儲存書籍內容的硬碟。

硬碟是書籍的新型態泥膠平板，我們這麼愛它們的理由是製造成本超低廉，這些薄薄的矽晶圓和電路板經常是物盡其用，一點也不浪費。硬碟超方便，我們的文明全都靠它們保存；網路本身運作是在全球各地備有空調的數據中心進行，這些中心是一棟又一棟的大樓，裡面貯放著運作時會發出嗡嗡聲的硬碟。

方便，沒錯，但也容易故障。一般硬碟三年內壞死的機率是二五%，所以Google和亞馬遜的數據中心裡，有些員工整天只幹一件事：手推四輪車沿著走廊行進，一路更換壞死的硬碟。只要你能把硬碟接上電腦、手機或電子閱讀器，儲存什麼都很方便，但後果是，一旦原本高溫運轉而生熱的電子冷卻了，磁場忽強忽弱、逐漸消逝，儲存在裡面的內容也就可能跟著隨風而逝。

至少泥製字板還能帶著尊嚴化為塵土，但電子書一旦掛點，連發出一聲嘆息都來不及。我們依然可以考古挖掘中東以前的圖書館和宮殿遺址，然後打開字板和羊皮紙，但未來幾千年後，沒有人可以帶著一把鏟子跑到蘋果位於北卡羅萊納州的數據中心，挖出所有伺服器、插上電源，然後復原他們曾經擁有的電子書。

事實上，書本技術已經完全反過來了。昔日耐用卻不方便的泥製字板已經被硬碟取代，後者正好是非常方便卻不堪一擊。雖然我們的文字比以往任何時代都廣泛流傳，它們的壽命卻不如倉鼠或沙鼠來得長。除非它們總是不斷被儲存、備份到新的硬碟裡、電腦裡，否則壽命其實很短暫。我們的文字建立在一種今朝有酒今朝醉的文化上。

如果讓伺服器沉睡太久或iPad太久沒充電，我們可能就像《李伯大夢》（*Rip van Winkle*）裡的主角一樣，醒來後發現書籍文化全被抹除了。故事的最終，如果你檢視一條持久性衰減、方便性提高的曲線，隨著時間拉長終將落入不可避免的軌跡，亦即我們的文字只會像生存二十四小時的蜉蝣一樣短命、只會像北美金甲蟲一樣整日惶惶不安。將來有一天，在某種印刷技術的終極演變下，我們短暫卻即時的念頭可能會自動對著別人的大腦發射訊號。但是它們能否撐得比一瞬間更久一些？

我想，在數位化文字的過程中，我們已經做出一個眾所周知隱藏著邪惡本質的協議。數位化本身就引發一些問題：既然我們拿持久性交換文化，如果儲存著文化的數據中心突然遭到大毀滅，屆時將如何？如果電子書有一天徹底被摧毀，屆時又將如何？現在的病毒都可以攻擊核電廠了，難道它發展出具有摧毀電子書的能力還會很難想像嗎？

書籤：在床上看書

我們所有大腦的基本運作都大同小異。我們都可以愛上一本書，不管是指實體書還是數位形式；我們都會讀到出神，因而不去管書本是呈現在電子墨水螢幕上，或是用一種聞起來臭呼呼的膠水逐頁固定；如果一本書真的讓人愛不釋手，我們都能視而不見所有事情。

我最享受的閱讀時光是深夜。我喜歡把睡前的黃金一小時拿來閱讀，電腦、手機和任何會擾人心神，因此得時時提高警覺的事情全擱到一旁；反之，你會讓自己放鬆浸淫在一本超棒好書裡，不一定非是實體書不可，電子書亦無可厚非。因為大腦所關心的重點是閱讀體驗，電子書一樣可達實體書之效。你進入那個境界之後再也不會關心載體本身了。

不過，夜深人靜時，當你已睏意漸濃卻還盯著液晶螢幕或背光式電子閱讀器看，事實上卻可能會快速刺激身體產生褪黑激素，以至於拉長清醒時間，並減損進入夢鄉後的睡眠品質。因此，我很少睡覺前使用平板電腦，更喜歡看電子墨水螢幕。

如果你使用的是不帶刺激光波的防眩光電子閱讀器，在床上閱讀甚至會比以前更享受。電子閱讀器比多數書本更輕，而且還不用在暗光中東西摸找出一枝筆，才能寫注釋。

你會沉浸在書中故事，還會捧著電子書就悠悠入睡。

其實，這是我在測試新型電子閱讀器可以做得多好。如果我可以在深夜時分邊讀電子書邊入睡，也就是說，當我一邊感覺眼皮愈來愈沉重，睡意開始像黏呼呼的棉花糖戰勝我的意志，一邊感覺電子閱讀器從手中滑了下去，落在床墊上，那它就成功了。電子書能把我推去入睡前那種開始恍惚但意識仍然極度清醒的境界，那是我能夠發想出最棒點子的時刻，因為我會卸下理智防線、直覺傾瀉而出。我不管你是在床上、飛機上或火車上看書，如果你想享有悠哉的閱讀樂趣，就應該可以在一本真正夠好的電子書相伴下自然入眠。

但這只是我的作風。我喜歡在床上閱讀；有些人喜歡在曼哈頓的小餐館裡閱讀，還邊抽菸邊灌咖啡；也有些人喜歡坐在電腦前閱讀，不停地從這個網址連到下個網址、從這個網站看到另一個網站；有些人喜歡在工作時偷個午餐空檔邊啃三明治與沙拉邊閱讀。他們把門關起來，沉醉在這段暫時停機的時光裡，分一點心神與時間給一本書；有些人不喜歡閱讀，但這本書根本也就不會吸引他們了。

或許我最喜歡的閱讀地點是在處處有棕櫚樹蔭的海灘度假勝地，那裡永遠都有二手平裝書可以看。日照強曬，外加許多讀者翻閱，這些書的摺角已經翻爛，上頭還覆著鹽粒，到了夜晚就被隨意丟在臨時搭用的圖書館裡，搞不好還成了寄居蟹和黃蜂的小窩。但是隨著電子閱讀器成本日益下降，我其實期盼在這些海灘度假勝地看見被丟在一旁的電子閱讀器，而非平裝書。

今後五年內，你將會躺在吊床上享受著夕陽餘暉，在漫著丁香花味的微風徐徐吹拂下，打開別人不要的Nook或Kindle閱讀。雖然電子墨水螢幕會被陽光鍍上金黃色，鹽水也不會帶給它們什麼好處；充電器可能早就不見了，而連接線則是既破舊又處處磨損；但往好的一面看，你可以一邊在網上優游，儘管可能比你的電腦慢許多，一邊聽著夏威夷風情的音樂，還有你的胃咕嚕作響地提醒你，晚餐與冰鎮瑪格麗塔的時間到了。

你的遐想如何？你有沒有自己中意的閱讀空間，像是遍灑陽光的角落或餐廳？你喜歡在車站上、飛機上閱讀，或是更愛堆滿書籍的寬闊圖書館，找個走道盤腿就地而坐？

http://jasonmerkoski.com/eb/2.html

3 電子書的起源

電子書革命始於二〇〇三年，當時索尼研究部門副總裁滑雪時發生事故，被困在冰洞長達一星期。他因為摔斷腿，為了保命只得喝尿維生，直到獲救為止。期間他曾盯著手機，希望從中看到一絲訊號，他想著：「如果手機或其他裝置裡正好有一本野外求生的書，讓我能馬上打開來參考就好了。」開發索尼第一具電子閱讀器的點子就在此刻從他腦中冒出來……。

當然，事情根本不是這樣發生的。

電子書的起源與技術的必然性相關度更高，就像印刷術一樣，古騰堡是在對的地點、對的時間，又剛好足夠了解鑄造、冶金，這一切才發生。電子書革命的發起人也一樣是在正確的時間站上正確的地點。

因為創造電子書涉及技術問題，因此起源不會只有單一版本的故事，形塑過程也不會有非常恰當的解答。就和所有故事的發展一樣，隨著加入電子書革命的人愈來愈多，關於其根源和起點有許多早已走調的版本。

例如，你可以往前追溯到電泳墨（electrophoretic ink）發明時期。一九七〇年代末期，全錄公司（Xerox）發現電子墨水，但卻想不出來怎麼推銷，沒多久就把這項發明束之高閣了。一九九〇年代末期，麻薩諸塞州劍橋市的產業先鋒重新發現電泳墨並動手改良。今日我們所擁有的電子書某部分來說多虧這些人努力。

即使在網路泡沫開始吹大之前，就已經有預言說電泳墨最早可望在二〇〇三年實現商品化，誰都可能成為推出電子閱讀器的第一人。不過當時是索尼搶得機先。

索尼和多數販售消費性電子產品的企業一樣，每年都必須發明一種重要的新產品，才能立足業界保持競爭力。二〇〇三年，電泳墨技術可說已經成熟到某個地步了，索尼決定用它來製造電子閱讀器。索尼內部人士告訴我，電子書團隊拿到的預算比起電視部門只能算是零頭而已，事實上，電子書團隊還得從索尼隨身聽要來一些零件廢物利用，才能製作它的第一部電子閱讀器。所以，即使電泳墨技術相當成熟，索尼的電子閱讀器還是很貴，當它首選在日本推出時，只有當地的高階閱讀人口會花錢買。

當然，如果要選定首推第一部電子閱讀器的市場，當然非日本莫屬！日本是全球文化中科技素養最高的國家。我走訪日本許多回，每逢目睹嶄新的科技奇觀，總是會心一笑，感覺有點像戴著毛帽的大鬍子德國佬從古騰堡時代穿越到現代的東京了。

我去過索尼的展示廳參觀下一年度的玩具與創意產品，像是會說話的狗和機器人女僕，再過幾個月或幾年，你都還看不到這類產品出現在美國的貨架上。我記得有一次曾經站在東京的便利商店門外五分鐘之久，想辦法要打開門進去，後來我才注意到，牆上凹陷深處有個精巧的手推門板，只要伸手觸碰就能打開大門。即使是日本的廁所技術都是叫人拍案叫絕。日本人才是貨真價實的技術控。

但他們對電子書的癡迷程度還不夠，二〇〇四年索尼電子閱讀器推出時，日語本身就是一大挑戰，索尼的裝置在提供日語內容這一部分也做得不好；加上當時根本也沒幾本電子書可以買。所以，二〇〇六年索尼帶著這項產品到美國發表，而且還大改造了一番。

如今，亞馬遜有機會可以觀察索尼，並從錯誤中學習。亞馬遜亦步亦趨地跟著競爭者學最佳做法，採用電泳墨顯示器與書籤、翻頁等基本的象徵功能，但是亞馬遜本身也累積十多年的書本知識，而且還有旗下履約中心裡幾百萬本書做後盾。

在北美，近半書籍都是從亞馬遜網站賣出去，它代表圖書銷售市場大餅中最大的一塊。亞馬遜和索尼不一樣，它的顧客對品牌有忠誠度，因為它是線上賣書起家，下了很多功夫才打造出自有品牌。一九九〇年代，任何早早就接受亞馬遜網站的消費者，每下一筆訂單就會收到各種贈品，像是T恤與咖啡杯。

亞馬遜能在電子書取得成功，部分是因為Kindle代表一門嶄新的業務，又能利用這家公司在圖書銷售市場的成功基礎。Kindle也不用像索尼的電子閱讀器一樣擔心必須立即轉虧為盈。某個面向來說，Kindle部門就像是亞馬遜內部的初創企業，得益於貝佐斯的創投資金挹注、長期願景以及全力支持。亞馬遜身處於一場數位媒體的持久戰。由於Kindle專案啟動時，幾近全數營收都來自實體媒體，亞馬遜顯然很清楚自己對數位媒體得像電子書一樣抱持長遠眼光，才會常保成長。

亞馬遜成功的另一個原因是它專注創造一種輕鬆、無縫的客戶體驗。當索尼電子閱讀器在美國首推時，你若考慮用它來閱讀，得完成以下步驟：

一、得下載應用程式到電腦上。
二、找到你想要的書。
三、登錄。
四、買書。

五、授權你的電腦使用索尼裝置。
六、從Adobe下載更多軟體。
七、向Adobe要求授權。
八、回到你的圖書庫，嘗試下載這本書。
九、同步你的書與裝置（假設你找到正確的傳輸線，可以插入電腦裡）。
十、花個幾分鐘等它（但願）完成複製動作。
十一、切斷裝置與電腦的連線。現在你可以讀這本書了。

媽呀！相較之下，Kindle很簡單：你連上網路商店，找到你想要的書，按個鍵就完成買書動作，然後它立即下載，你就可以開始閱讀了。一點也不麻煩，簡單得很。傳送內容到Kindle有夠簡單，那是因為每一樣裝置都有一支內建手機，永遠處於開啟狀態，總是和全國網路連線。

二十一世紀至今有兩項偉大發明，一是iPhone，另一則是Kindle，即使我從未進入亞馬遜，我還是會這麼說。我們今日所知道的電子書之所以會崛起，就是因為有內嵌在Kindle裡的手機與免費數據資料計畫。少了連接雲端的功能，我想電子書就不會成為主流了。

網路連線遠遠不僅是更容易轉存內容到電子閱讀器而已，也讓朋友前一分鐘才借你一本電子書，可能下一分鐘你馬上就讀到，或是讓好幾百萬本電子書的第一章免費大放送。此外，網路連線也讓你輕易地下載你以前買過的書；甚至你要是不小心摔壞一部電子閱讀器，還可以不慌不忙、無痛操作重新下載所有舊書到新的電子閱讀器裡。網路扮演著守護Kindle所有內容的安全網。

就技術而言，我們早在一九七〇年代就可以做出電子書。那時人們才開始數位化第一本電子書。事實上，我能想像，穿著喇叭牛仔褲、別著「立即制止通膨」（譯注：美國前總統福特（Gerald Ford）一九七五年提出的計畫）胸針的圖書館員，集結書籍並歸檔成縮微膠片；我能想像，電子書的數位革命就是從那一刻開始。如前所述，全錄的科學家在一九七〇年代就發現電泳墨，他們原可能發展出使用電激磷光顯示器的電子閱讀器硬體；美國國會圖書館（Library of Congress）應該可以自己數位化全世界的內容，而不是被亞馬遜搶先一步；一九七〇年代後期，它們原可以開始數位化自己的資產；全錄原本可以自己做電子裝置，電傳打字網路（teletype network）原可以用來傳播內容。雖然以現今的標準而言，這道過程看起來進展太慢，因為一本普通電子書透過電傳打字網路傳送得花九十分鐘。

但這是以前從未想像過的未來。

索尼點燃電子書革命，但如果Kindle是用來閱讀、iPod是用來聽音樂，而TiVo是用來看數位電視，亞馬遜就得做出一樣不只是當手機網路使用的產品，更得善用電泳墨這類能夠改變遊戲規則的技術，這玩意兒既棘手又難以捉摸。

我不會在此細細解釋電泳墨如何運作，搬出鬼影與量子力學波形這類技術名詞。瞧，電泳墨實際上是基於量子力學運作呢。我可是在麻省理工學院研究量子力學，但至今仍無法完全搞懂電泳墨！

或許比喻電泳墨最恰當的說法是：科技與魔術交會的神奇八號球（譯注：指水晶球）。你拿起這顆球搖一搖，接著提出一個問題，然後一個幽靈般的白色答案神祕地浮出表面。這就很像是電泳墨的運作原理。一顆通常是鈦鏽製成的白色明亮粒子，通電以後會漂浮在黑色墨水表面。不過，你不用搖晃它，好讓白字浮上表面，你只要插上電源就好。

如果你反覆操作的次數夠多，就會得到成千上百顆微小的鈦鏽粒子，基本上你就做成一片現代化的電泳墨螢幕了。墨水是黑色、通電粒子是白色，在電泳墨螢幕上就會產生兩種最簡單的顏色。你若想得到不同程度的灰色，可以試試採用快速脈衝電，足以引來一些顆粒，但不是全部。

當科幻大師亞瑟．克拉克（Arthur C. Clarke）說：「任何堪稱先進的科技，都和魔術難以區分。」他可能是在描述電泳墨吧。的確，電泳墨複雜難解，需要的電力卻不多。事實上，一個配有電泳墨螢幕的裝置一個月只要充一次電就夠了。這就是改變遊戲規則的技術大躍進，它讓電子書革命如火如荼展開。

書籤：注釋

我不會在書上加寫注釋。我個人覺得那樣會污損印刷頁面。但我知道，有些人視注釋為一種珍視生命的方式、一種多年以後再與往昔的自己重新連結的方式。這些人會檢視他們的書，看看他們以前提筆寫下什麼重點。

所有電子閱讀器都能讓你隨心所欲地增補注釋，可以愛在哪一行文字下面畫線就畫線，當然，不管你用哪一台裝置閱讀，你的注釋和重點都會如影隨形，但前提是你向同一家製造商購買設備。

我想，亞馬遜會支援自己的生態系統以處理注釋功能，索尼亦然，但不同裝置之間的注釋功能無法互通，或許永遠不會互通。未來十年，你所增補的注釋可能會緊緊相隨賣你裝置的零售商，一旦你選擇某一家零售商，你會更可能一路跟到底，因為你會想要隨身帶著自己增補的注釋、重點和所有花錢購買的電子書，擴充日益豐富的個人圖書館。

但幾十年後，如果人們或許出於學術、存檔或家族等方面的興趣，想要看你在電子書裡面寫了什麼，屆時該怎麼辦？一旦你撒手人寰，或是你原本在亞馬遜或蘋果的帳戶已被關閉，你增補的注釋將隨之消失。

這還滿讓人感傷的，因為注釋能為進一步了解某人的一生增添永恆的價值。我最愛的書籍中，有一本大部頭的書叫做《仙那度之路》（*The Road to Xanadu*，暫譯），一九二七年寫就而成，敘述英國文學家柯立芝（Samuel Taylor Coleridge）的精神生活。作者羅士（John Livingston Lowes）分析柯立芝所有的藏書及他向友人借閱的書籍，再加上他在這些書裡、日誌裡增補的注釋，東拼西湊出柯立芝每每動筆寫一首詩時，如何發想出每一行詩句中的每一個字。這本厚達六百頁的書企圖解釋，究竟一個人的想像力如何催生出一首特別的詩作。如果沒有原作者留下的注釋，這種文學偵探工作根本不可能完成。

我沒有認識任何人打算為注釋提供存檔服務。雖然算是一個利基市場，卻是初創企業的大好機會。或許這樣一家初創企業會為我們的後代子孫保存所有短命的電子注釋。雖然當前的電子閱讀器提供了添加批注的功能，這些筆記往往遠比實體書頁的文本條目更開放形式、更雜亂無章。

舉例來說，家母的食譜書染了上百處橙紅色和薑黃色污漬，因為每次她用番茄糊調製義大利麵醬汁時都會沾到，烘焙約克夏布丁時，溶化的奶油也會噴到書上。食譜書上的每一頁都留下證據，哪些食物曾經端上我們家餐桌。

沒有電子書能像家母的食譜書一樣記錄多年來感恩節與週日早午餐，它就像是結合一本翻開就有香味飄散出來的食譜書和時光機器。書上的污漬鮮活地詮釋過往家中的盛宴，我得說，我自己烹飪時仍繼續參考實體的食譜書。餅乾掉在食譜書上好過砸在iPad上。

其他注釋更接近文字形式，但也更貼切地呈現你的過往面貌。我的書桌上有一本幼童軍手冊，記錄我八歲以後的生活，內頁寫滿各種活動列表，像是「請列出各種省水方法」或「請列出四種你感興趣的書類」。每一種活動下方都是一片形式不拘的開放填寫欄位，填滿我手寫的字跡，然後是家母的簽名與日期。所以，我不只知道自己何時第一次學會打死結、在手指上貼OK繃、用鉗子，或通知附近破壞共產主義活動的警察（畢竟我成長於冷戰末期），更保留自己親手為這些事件寫下的注釋。

在這本書中，我的手寫字跡吃力、潦草又大膽，筆跡專家看到我寫的注釋或許會對我有一些了解，但絕不可能從真空無菌的電子書注釋得到事實以外的理解。這本年代久遠的童軍手冊被油漆噴濺、污泥染漬，還有老爹和我一起貼的松木車賽（Pinewood Derby，譯注：美國幼童軍的年度盛會）印花，它們怎麼可能會現身在電子書裡？除非未來的電子閱讀器新增插入照片的功能。（僅供知悉，我從來沒有因為發現共產黨人而獲得勳章獎勵。）

注釋功能是否會有光明未來？也許吧。我曾在最近才推出的網路服務「閱讀社群」（ReadSocial）瞥見它的蹤影。這個網路應用系統讓讀者不只可以在一本特定的電子書中寫下注釋，還可以針對別人的注釋寫下評論；最棒的是，它通吃各種不同的電子書格式，而且只要登錄推特或臉書就能使用。

「閱讀社群」（或競爭對手之一）既橫跨眾多電子書廠商，又能維持品牌中立，因此有潛力成為電子書業界標準的注釋引擎。這類服務可能無法保存我的松木車賽貼花、留住媽媽的食譜書味道，或是保有任何實體書籍中的注釋，但卻可能鋪好一條路，在電子書頁緣創造空間，開展發人深省的對話。

畢竟，這不就是我們努力的目標嗎？在書中找到志趣相投的同好，無論是作者本身或是其他讀者，進而開展對話？本著這股精神，為何不乾脆現在就開始尋找聯繫？請點擊下方連結，見見志同道合的愛書人，一同在線上聊聊彼此對本章的看法。

http://jasonmerkoski.com/eb/3.html

4 推出 Kindle

在亞馬遜工作就像是跟著時光倒流，回到西雅圖拓荒者的大本營、回到一八九〇年代身為育空淘金熱（Yukon gold rush）門戶的西雅圖。開發Kindle就像是生活在蠻荒西部的年代。就Kindle這種突破性的新計畫而言，就算是做錯決定，似乎尚無須面對任何法律、法官或實際後果，因為沒有人知道何謂正確決定。每個人似乎一走出家門就配戴著六發式左輪手槍，一邊藏身在《大金剛》（*Donkey Kong*）遊戲機後面，一邊肆意對著別人掃射。當副總裁們就站在走廊上辯了起來，扣著扳機的手指隱隱抽動，我幾乎可以想像他們之間像是吹起風滾草，對著每個人撲面而來。

辨別虛實也不可能。從沒有外人看過Kindle，因為自誕生的第一秒起就待在一個完美的真空環境中。每個人都試圖做正確的事，沒有什麼點子是私下發想出來的，也沒有什麼事情奇怪到不足以花時間考慮。每一個腦筋動得快的人經常是要什麼、有什麼，而且還能主導一切。一切就像是處於初期開發階段的創意與創新蠻荒西部，瘋狂、無政府狀態，我就愛這一味。

§

請下載一本尼爾．史帝芬森（Neal Stephenson）所寫的《鑽石年代》（*The Diamond Age*），Kindle所有的硬體代碼命名都源自於這本書。這本書描寫其中一個角色費歐娜（Fiona）與她的「繪本啟蒙瓊林」，後者是一部設計成看似大頭書的機器，可以連結所有圖書館、電視節目與人類知識。〔貝佐斯是《星際爭霸戰》（*Star Trek*）的超級粉絲，原本他想用這部電影為Kindle的代碼命名，但最終是文青性格占了上風。〕這本書是Kindle硬體代碼命名的寶山：奈兒、米蘭達與圖靈。

所以我第一次拿到Kindle時，當時還不是叫Kindle，而是「費歐娜」。

我的原始Kindle就是第一代費歐娜，少數上級挑選出來的亞馬遜員工才有使用的殊榮，儘管以今日的標準來看堪稱簡陋，但仍舊施展出神奇魔力。沒錯啦，我的費歐娜已經變成黃灰色，好似癮君子的大黃牙，它就像昔日潔白的電腦開始變成令人看了就難受的灰棕色。不過，即使它曾被粗魯對待，而且常被我隨手扔進後背包，或為了趕搭班機就隨便丟到行李箱，再不然就是放在我車子儀表板上被太陽曬了好幾個月，至今仍運作順暢。有一次我經過加州庫比蒂諾市（Cupertino），過馬路時被一輛車撞倒並扭傷胳膊。在這個城市，人人都得開車，因此沒有人會預期竟然在矽谷的心臟地帶會出現路人。不過，即使我的費歐娜噹啷一聲掉在地面，還被肇事車輛的輪子輾過，依舊運作良好，一如既往。

不用說，我愛我的Kindle。

我最初的Kindle任務就是開發並管理電子書轉換流程，指的是實體書轉換成數位形式的麻煩做法。

當你思考電子書誕生過程，最好從想像香腸工廠出發。肉料從前端輸出、機器充填，然後香腸就從後端送出。在電子書工廠，你從收到出版商的書籍開始，它們會被切碎、重組和包裝，最後轉成數位型態上市販售。

多數電子書源自實體書的數位版本，通常是PDF格式。這種檔案有固定的版面設計，因此它們印在實體頁面時就會格式一致。然而，電子書的內容必須可流動，意思是，如果你改變電子書的字體大小，文字、文句與段落應該要能重新格式化，這樣文字才能適當地圍繞每一段編排。但PDF很難做到這樣。

出版商為了讓ＰＤＦ成為內容可以流動的電子書，通常會借力內容轉換商，這類公司則會回過頭來結合軟體與海外人工的效力。許多內容轉換商會聘請印度或中國勞工，有時候會找更特殊的地點，像是非洲獅子山、馬達加斯加和菲律賓。他們通常在一間大倉庫或老舊廠區工作，在好些樓層都設有小隔間，從工廠的這一端傳送到另一端。

工人比肩相靠，整天眼盯螢幕上的文字閱讀電子書。他們刪除頁碼、重新格式化電子書，讓內容可以流動，之後再瀏覽一遍，確保在過程中沒有搞丟原文的段落或插圖。

但是，並非所有的書籍都套用ＰＤＦ，有些僅存實體版本，這時數位化這類書就得採用更殘酷的方法。我的工作有一部分就是要盯著工人破壞實體書，好讓它們變成數位版本。頁碼必須從書中移除，這樣它們才能被掃描、數位化。我是個愛書人，因此嚇得傻了。工人為了要移除頁碼，得拿刀砍掉書背，就像他們拿著彎刀在叢林裡披荊斬棘。一旦掃描完書本，這些書頁都會在每次輪班結束時被扔進垃圾箱。

這種做法深具破壞性，書籍再也不會恢復原狀。電子書革命不流一滴血，因為某種意義上來說，沒有人傷亡；但如果書真的會流血，你將在國外這幾處看到它們的墓園、埋身之地、亂葬崗，還有成千上百萬本受傷慘重的書冊。

但是，為了要成就Kindle，這一切都是必要之惡，因為我們不能只推出一具沒有內容可讀的硬體。少了電子書，費歐娜好比僅僅是昂貴的紙。

你看到了吧，我們同時需要電子書和硬體當作Kindle加速前進的飛輪（flywheel）。很多網路人與科技人都會用「飛輪」的概念思考，但多數非科技人卻不懂箇中意涵，或許聽起來是水車吊著很多小飛蟲，牠們慢慢地推動水車輪將麥粒磨碾成粉。

在科技術語中，飛輪指的是，輪子一邊快飛，能量就跟著蓄積，目標：無論如何，你就是要讓它愈旋愈快，這樣你就能得到愈多能量（或套用商業說法，你就賺進更多錢）。舉例來說，這具Kindle飛輪可能從推出一部提供少量電子書的閱讀器進入市場開始；消費者買下這項設備，然後用它來購買電子書；軟、硬體雙雙進帳後，亞馬遜就會願意花錢改良電子閱讀器，因而進一步壓低售價；這樣能帶動更多消費者掏錢買硬體與更多內容，使得獲利提升；亞馬遜就更樂意砸錢，打造出更精良、更便宜的Kindle。每用力踩一圈，飛輪就旋得愈快、變得更強大。

隨著Kindle銷量成長，Kindle飛輪開始快轉，在正規的亞馬遜傳統中，推動業務的關鍵是營運指標，以及團隊一起坐下來深入研究報表的「深潛會議」。亞馬遜的企業文化非常注重數字，這種精通數字的文化看起來運作無礙，因為他們都忙著在腦中逐行逐列地大量計算、消化報表上的數字。

在深潛會議中，你會揚棄先入為主的觀念和邏輯思考。你細看數據，然後直指重點，而非比手畫腳想要用技術說服別人。在亞馬遜的深潛會議文化裡，事實遠勝於意見。深潛會議好比科學實驗，你先建立假設，然後著手證明。如果你的假設證明有誤，那就再想出新的假設、進行測試以便蒐集數據資料，然後分析數據，再看結果支持或反對新假設。

多數亞馬遜工程師視這些深潛會議為畏途，因為他們得穿上正式服裝，像是帶鈕襯衫，牛仔褲也得繫上皮帶。亞馬遜其實不講究正式：J. Crew的T恤外加Dockers卡其褲也就夠了，但是對工程師來說，就算是這樣穿也有違自然本性，就像電玩遊戲《龍與地下城》（*Dungeons & Dragons*）中那一股不敬天神的憎惡，或是恐怖文學大師洛夫克萊夫特（H. P. Lovecraft）筆下一則被詛咒的故事。

最初幾場會議中，有一次我與貝佐斯共同列席深潛會議，研究電子書內容，以及它在Kindle上的編排方式。我們都坐在位子上使用Kindle，把自己想成是顧客。某些方面來看，這個場景很像天下第一號數位圖書俱樂部，我們多數時候安靜無聲，就只是讀著Kindle；有些時候，我們會為內容增補注釋或買一本新書。總之，就是無所不用其極地測試所有功能。

有一度，貝佐斯的Kindle肯定是掛了，因為它完全沒有反應。整間會議室已經寂靜無聲好一會兒，因為我們全都沉浸在各自的書香世界。然後，貝佐斯突然莫名其妙地大嘆：「我掛點了！我掛點了！」我一臉驚嚇地抬頭向上看，但貝佐斯沒有意識到他說出了雙關語。

會議室裡所有人都很用力地強忍住笑。亞馬遜裡不搞英雄崇拜這一套，但現在，因為我很佩服經營書店的老闆，所以實在無法不崇拜貝佐斯，不只是因為他經營全世界最大的書店，而且更誇張的是，他還有自己的太空船公司。不過有些同事對他的欽佩已經升高到一個全新的層次了！

我不認為有任何亞馬遜員工會刻意理光頭，就為了像貝佐斯一樣，不過大家和他開完會，走出會議室後還會如癡如醉地談起他，像是他怎麼個笑法，或是他具有生猛的洞察力。大家會想要知道他正在讀什麼書，然後也跟著讀。〔開發Kindle那幾年，《黑天鵝效應》（*The Black Swan*）在貝佐斯朝聖團之間廣為流傳，不過另一本書論及鎢的歷史就冷門得多。〕人們時不時就追捧貝佐斯多有錢、智商多高，所以肯定不想讓別人看到自己像是在嘲笑他或批評他的點子。

讓我們把話攤開來講吧：Kindle誕生我們都有一份功勞，但貝佐斯才是那個有遠見的人，電子書將讓他名垂青史。誠然，還有好些數位圖書先驅，嗟，我可是其中之一呢。一九九九年我就搞出第一本現代化的電子書，而且我也盡責地為Kindle貢獻不少功能。我不是一人團隊，我們都用自己的方法發明Kindle。在Kindle工作室裡埋頭苦幹的成員沒有一個奸詐小人，我們是一群各有千秋的個體、創新者和開拓者。

但是，只有貝佐斯高瞻遠矚、口袋夠深，可以砸下幾百萬種子資金搞Kindle。相信我，真的燒了很多錢，光是想到頭幾年員工的薪水和股票獎勵，還有他得資助的研發、購併和初創團隊。貝佐斯不僅僅是看到了夢想，更冒著財務風險確保它會成真。

儘管挑戰十分艱困，我們在亞馬遜的生活就像創造某一種革命性產品，而且我們有財力辦得到。我們就很像那些埋首在古騰堡工作室裡認真苦幹的工人，只不過是科技版。

早年那段在Kindle專案辦公室的生活就像置身虛實交錯的宇宙空間，灌下過量咖啡因、胡吞高糖分食物。但我超愛這種生活。辦公室裡吵翻天，黑莓機和呼叫器不時響起；有軌電車每十分鐘就轟隆駛過，整棟建築物跟著晃動起來；發出嗡嗡聲的微波爐正加熱某人的隔夜印度餐，滿溢的香味提醒午餐時間到了。會議室總難免會傳出某個工程師高分貝大吼，隨後跟著來的就是拳頭捶在白板上的重擊聲。

在廚房裡，你偶爾會找到幾疊來自Top Pot的甜甜圈，這家西雅圖名店的甜甜圈好吃到就像是把麵糰丟進糖、大麻和阿斯匹靈混成的油鍋裡炸；你也會找到某位高階主管帶來吃不完的外燴早餐或午餐任人取用，好似古代領主心血來潮就會賞農奴一根骨頭啃。

就像多數科技企業，Kindle供應大量啤酒，通常是星期五下午。大家常帶著半打啤酒走到某人桌邊就開始喝了起來，然後就站在一旁天南地北聊到這一天結束。有時候會冒出瘋狂的對話，內容不外乎「如果」這種超現實假設，像是「如果你可以吊起一尾虎鯨和一隻老虎，讓牠們互鬥，誰會贏？」

形容這間辦公室的隔間，用不到「裝飾」這個字眼。如果你到處走走只會看到亞馬遜發行的神奇八號球；嗡嗡運轉的電腦；接上電源線的Kindle；疊得搖搖欲墜的架構圖或報表影印資料；畫著找到賽隆人（Cylons）的電玩《星際大爭霸》（*Battlestar Galactica*）海報；微醉的工程師仍在爭論虎鯨是否能撂倒老虎；廢棄的Kindle紙盒被用來墊在足球桌下方；還有功能完備的街機風格《大金剛》遊戲，我從來沒贏過。

總之，亞馬遜是一家有點落漆的西雅圖網路公司，年營收破十億美元、獲利卻薄如紙片，這讓我們得聚焦於全力推出Kindle，不容分心。

§

Kindle開發初期極重視保密，我們不准帶回家、秀給家人看，或在大庭廣眾使用被抓包，全是擔心外人看到Kindle後會洩密給部落格或媒體。

但保密帶來強烈的驕傲感和榮幸感。我自覺好比是第一批使用iPod的人，遠比任何人知道它存在早好幾年。Kindle是個不能說的祕密，即使是家人！

Kindle發表之前，地球上唯一知道它存在的組織是位於加州庫比蒂諾的實驗室Lab126。因為Kindle的硬體在此設計。

最早，Kindle的電子墨水螢幕僅是貝佐斯眼中的一線微光，亞馬遜雖聰明過人，足以實現目標，但它從未涉足製造，即它對網站銷售無所不知，對製造硬體卻一竅不通。貝佐斯決定，最好是獨自成立一家新公司，全權負責製造。

Lab126之名是帶有科技味的俏皮用語。亞馬遜在帕羅奧圖（Palo Alto）已經有一家全都包研發中心，開發出亞馬遜自用的搜尋引擎Ａ９。貝佐斯想定位Lab126是研究機構，因此將「實驗室」（Lab）這個字放進名中。

至於「１２６」這部分，你得搞清楚，它不是跟著Lab124、Lab125來的，就像商用藥名Preparation H就是獨立名稱，不是跟著G或F來的。「１２６」部分來源是，A位於英文字母表第一字、Z為第二十六字。這是科技怪咖向全都包研發中心的致敬之舉。貝佐斯喜歡這種怪咖冷笑話，當他們想出這個名字時，他的笑聲簡直是傳遍千里遠。

Lab126為了吸引、留住最優秀的硬體工程師，不設在西雅圖，而是矽谷。辦公室最初位於一家迷你商場裡，對街是音樂行與有點低俗的珠寶店，但因為新聘人手激增，舊址很快就不敷所需，於是搬至矽谷的心臟地帶庫比蒂諾。搬到庫比蒂諾就像是把他們帶進大聯盟，因為和蘋果共處一區了。

我帶領Kindle的電子書軟體團隊一年後，被升職成專案經理，負責帶頭發表Kindle。這意味著我得摸熟Kindle裡裡外外的硬體，於是我開始定期飛往Lab126，彌合隔開亞馬遜與Lab126之間的文化鴻溝。在庫比蒂諾的每個人都懂硬體、在西雅圖的每個人則懂網際網路，但雙方互不理解對方。亞馬遜深諳網路服務，而庫比蒂諾精通消費者電子產品。兩者的結晶：電子書？對每個人來說，它都算是一個新的領域，整間公司幾乎沒有人具備完全到位的資格能協助Lab126和亞馬遜互相對話、理解，除了一個例外：我。我曾任職摩托羅拉做過手機和網路路由器，所以我能聽、能說硬體人才的語言；但因為我也曾為家得寶（Home Depot）和沃爾瑪（Walmart）建置網站，所以能聽、能說亞馬遜的語言。

第一次造訪Lab126時會注意到，亞馬遜和Lab126的樓板擺設對比明顯。亞馬遜呈現出一種有組織的混亂局面，所有樓板都是開放空間，偌大空間裡每個人比肩而坐，沒有牆壁相隔，很像是東南亞的客服中心，或某些網路詐騙公司設立的技術支援部門。Lab126的辦公室則類似印刷電路板，或許還滿符合硬體工程公司的心態。所有隔間和走廊都是直角對齊，中間則增闢快速小通道。身處Lab126就像置身Kindle內部的印刷電路板裡。

§

儘管每星期往返Lab126和亞馬遜的飛行途中，我都很想拿出Kindle閱讀，但因為它尚屬不能說的祕密，我不能如願；我甚至不能帶著它在機場通關，以免安檢人員要求檢查。再者，我還很怕記者或對手可能會看到我的Kindle，只消幾秒鐘，就整個都看光光了。

我花了兩年在Lab126和亞馬遜之間奔波。當你是孩童時，總覺得日子過得很快，有一天你回首，只會記得夏日夜晚、螢火蟲和打雪仗。我和Kindle也是這樣。當我回首帶領Kindle發表那段時光，感覺就像回到童年時期，開心地過完一天又一天、克服一場又一場困難。

其中有一項挑戰需要貝佐斯投注個人時間，而且和Kindle電子書格式有關。Kindle團隊裡沒有人認為這件事重要到值得他花時間關注，但我堅持，所以自行找貝佐斯開會討論。（我猜想，現在Kindle部門已經超龐大，那種阿貓阿狗都可以不管三七二十一就找貝佐斯開會的日子回不來了。）

如今，不是說你安排好要找貝佐斯開會就開得成。你想進貝佐斯的辦公室得先打通行政助理關節。他們「卡夫卡式」地（Kafkaesque，譯注：指一種超現實、荒誕又無可奈何、找不到出路的精神狀態）各有自己的辦公室，所以你還得先搞定第一位行政助理才能拜會第二位，然後得說服第二位才能見到第三位，依此類推。最終，你好不容易混進貝佐斯的辦公室，卻壓根兒沒看到人，這才恍然大悟，他們根本故意不提他整天都不在。

會議當天，我提早抵達貝佐斯的辦公室，當時他還在別處開另一場會。我從他的辦公室窗戶往外看，想試圖理解他看待事物的方式。他在辦公室擺放一架望遠鏡、在牆上掛著兒女的照片。事實上，辦公室很小，一張疊滿文書資料的龐大辦公桌占了大半空間。

我想像他透過望遠鏡鏡頭看向窗外那些遙遠的員工，隨著他們從不同的辦公大樓穿過西雅圖，視角跟著往外擴散；我也想像，他或許還把望遠鏡對著位於肯塔基州、內華達州的履約中心，一心嚮往可以看到書本、豆豆娃（Beanie Babies）、ＤＶＤ和尿布等訂單源源不絕出貨。

貝佐斯的辦公室有行政助理保護著，還被隔離在亞馬遜總部裡的小塔，有點像是四周被圍起來的花園。這個比喻很恰當，因為那天以及之後的無數日子裡，貝佐斯和我討論的內容都和Kindle的圍牆花園（walled garden）有關。

當你讀著亞馬遜和蘋果的故事，多半會看到「圍牆花園」的比喻，我想舉個具象解釋，因為呢，在下是個喜歡具象的人。

遙想中世紀城堡的牆壁，可能會有護城河環繞四周。牆身很高，由石塊堆成，全是為了要抵禦外敵。進出城堡只有一途，那就是手動開關的吊橋，隨著鐵鍊鏗鏗鏘鏘地降下來，你才得以從牆面挖空的門洞進入市中心。你可以想見，市中心裡一切穩當有序，因為城牆就是用來保護內部所有市民與花園，免受惡龍、野蠻的日耳曼民族和匈奴，以及潛在的征服者所擾。

在科技術語中，「圍牆花園」是指軟體和硬體的配置方式，也是指讓外人無法一窺內部堂奧的檔案格式，除非你過得了吊橋，也就是公司認同的程序。

我們看看iPod，它就是仰賴專有格式，亦即開放內容可以從設備存取的專有方式。但它很成功，就是因為這座圍牆花園受到十足細心的照顧。

亞馬遜也為Kindle打造一座類似的圍牆花園，根據它所設計的圍牆花園，你唯一可以在Kindle上買書閱讀的方式就是向Kindle商店買。還有其他在Kindle上閱讀的方式嗎？當然，但其他方法就好比是日耳曼民族和匈奴圍困整座城堡，他們架起一路直達防禦土牆的梯子，然後手持斧頭和帶鉤鐵桿爬上梯子。套用在現代的科技術語，這種攻擊手法就是盜版。或者，如果稱不上徹頭徹尾的盜版，也落在數位版權管理（digital rights management, DRM）的灰色地帶，這是一種用來阻止用戶免費複製或分享電子書的限制規範。

數位版權管理阻擋絕大多數可能的盜版行為，因為破解之道困難到會讓人抓狂。困難，但並非不可能。就像是一場貓捉老鼠遊戲，總是會有天才從某個地方冒出頭，戰勝當前通行的數位版權管理技術。然後亞馬遜、蘋果和其他公司的軟體部門就要修補、更新，讓它們的圍牆更牢固。例如，蘋果一年針對iTunes軟體發布十來次更新，多數都涵蓋反盜版措施。

我們這些有道德的讀者不需要關心數位版權管理的意義，因為不太可能影響到我們，但因為偶爾有讀者真的會嘗試盜版電子書，我們反而成了待罪羔羊，電子書成本升高，而且將它們複製到其他裝置也不方便。這種過程原應易如反掌，但實則煞費苦心。我想每個人都同意，生活在數位版權管理的世界挺悲哀的，但這就是電子書的技術本質使然。

同樣的，電子書另外還有檔案格式這道實體書不需要擔心的技術性問題。實體書只有一種格式，那就是紙張。你可以隨手拿起任何一本實體書，只要看得懂就能閱讀。實體書的格式不會構成閱讀障礙。

但是想像一下，你得戴上特製眼鏡才能閱讀不同出版商的書；想像你需要一副特製眼鏡讀藍燈書屋的書，讀賽門舒斯特（Simon & Schuster）的書則是另一副。每一副眼鏡都只對應每一家出版社使用的隱形墨水。哎，這就是現在的電子書市況。

亞馬遜有自己的電子書格式，Adobe則創造另一種稱為ePub格式。市面上有許多格式，例如，如果你住在日本，想閱讀電子書，就有兩種互不相容的電子書格式可供選擇。

格式把事情搞得很複雜，我買了一本Kindle版電子書，無法複製轉存在索尼的裝置上，除非我使出技術魔力、祭出非法工具鑽漏洞下載。多數消費者不會費事去學如何使用這些晦澀難解的工具，就和你一樣，他們面臨挑選電子閱讀器的抉擇時刻，這個決定將鎖住你所能閱讀的電子書格式。你可能會發現，有一本你想讀的電子書只有Kindle版本，但如果你的裝置是其他品牌，除非有一天它產出這個牌子的版本，否則你就與它無緣。

Kindle有自己的專有格式，很老舊，可以追溯到一九九〇年代，而且它的應用程式原本是為PDA編寫。現在，我進了亞馬遜工作，裡裡外外摸清Kindle的格式，當時我可能不願告訴貝佐斯，但儘管我實在不願明說，我相信，Kindle的檔案格式限制重重，而且還會製造出品質略遜一籌的電子書。

以下闡述電子書檔案格式的思考之道：想想它們之於實體書的保真度（fidelity）。每當我們談到音樂時，總會扯到低傳真度或高傳真度，指的是低度或高度重現原音的能力。同理，若把實體書想成黃金品質的衡量標準，Kindle裡的電子書能重現實體書裡大部分的文字

（但不是所有的重音符號，有時無法處理冷僻少見的符號），多半也可重現邊欄或分頁符號。

我估計，Kindle格式約達實體書五〇%的保真度，算是很低，但我覺得，像Nook和iPad這些Kindle推出幾年後才面世的格式卻有比較高的保真度，因為它們容許設計師在印刷排版方面做出讓人眼睛一亮的高設計感裝飾，也在電子書裡嵌入字體和複雜的方程式。這些格式的保真度近九〇%。

我是愛書人，因此當我置身Kindle團隊時，非常關心改進檔案格式之道。但對貝佐斯和其他人來說，檔案格式只是推出Kindle過程中必須考慮的議題之一。此外，在早期，多數Kindle專案成員並不怎麼擔心低保真和高保真細節，因為Kindle鎖定的目標是購買特定類型小說的讀者，像是羅曼史、科幻類與暢銷書。即使是實體書，這幾類書籍在文體編排也稱不上細緻。

§

當我們準備推出Kindle時，我得處理各種因為條文行列與字體大小所引爆的危機，所幸最終一個接一個解決所有問題。

不知不覺中，日子已經來到Kindle推出的前一天。

我們不知道，古騰堡發表《聖經》，好揭開不能說的祕密前幾個小時心中有何感受，直到那一刻，他是不是偷偷摸摸、暗自害怕祕密會被竊取、複製？我們不明白他或他的工人有何感受。當然，我們知道，一四五〇年代已經有派餅了，因此可以想像，那天古騰堡和工人們一起走到戶外，犒賞他們鵪鶉餡派與野梅杜松子酒，或其他從貯藏室挖出來的寶。

無疑的，那晚之前就有些工人躲在角落裡開喝了，直到慶功宴結束才被狗兒舔醒；但可能其他人看得出來，實體書將會創造重要價值。因為說真的，古騰堡推出一種既平凡又創新的產品：一本不起眼，卻用美觀字型編排的《聖經》。他在不知不覺中發動基督新教宗教改革，也深深改變閱讀風氣，即使經過數個世紀，至今我們仍能感受到發自那股震動所蕩漾的餘波。

五百年後，電子書革命前夕，Kindle面世前，我安頓好一切上床就寢，但輾轉未能成眠，因為總有些讓人放不下心的擔憂，像是我肯定把某個重要的人或事給忘了。我一再下床檢查電子郵件，最終我設法躺下來休息，才一小時就被印度團隊給吵醒，他們在最後一刻發現問題，向我求援。

完成協助後，我帶著行動展開前常見的失眠症清醒地躺在床上，望向窗外思考著。明天，一旦Kindle推出，對任何人來說，一切都徹底改變了。亞馬遜力量強大，電子書肯定會捕獲所有人的想像力。

二〇〇七年十一月十九日清晨，我思緒清明思索著Kindle。電子書究竟對讀寫能力、閱讀能力、書籍本身有何意義？Kindle會加速書籍衰落嗎？雖然早就受到廣播與電影影響，電視、電玩與網路卻又加劇傾頹；還是反而可能會復興書市，帶進一絲新意？

這些問題至今讓我夜不成眠。有些老問題我已想出答案，但新問題仍困擾我。推出Kindle那一早，我就這樣怔怔地望向臥室窗外，直到凌晨四點必須整裝上陣。西雅圖上空的黯淡雲霧透出一絲難得的亮光，我看得到一些星辰，亮度很高，可能是行星或是某種預兆。

接下來幾小時會看到我穿梭在西雅圖的展場上，貝佐斯則站在紐約舞台上發表Kindle。我手中拿著筆記紙板與馬表，好似電影《阿波羅13》（*Apollo 13*）裡那位肩上圍著毛衣的任務操控員，他得確認每支團隊都準備就緒可以出發。

我們不想聽到任何人說：「休斯頓，我們這裡有麻煩了。」這就是為何發表儀式得按部就班、提前測試。腳本完美無瑕，因此發表過程有如一場夢。一等貝佐斯在成千上百名記者與部落客面前說：「介紹亞馬遜的Kindle。」我們的店面與服務幾乎就同步啟動。

然後，Kindle上場了。

每一名在西雅圖亞馬遜總部的人凌晨四點就靠糖分撐住，此刻都開始歡呼。我們請來Napster創辦人表達數位音樂廣為採用的謝意，也請來奈飛思（Netflix）表達數位影音節目廣為採用的謝意，但數位書籍的未來仍歸功貝佐斯。

貝佐斯是個簡單的人。他擠眉弄眼的時候，前齒會露出小缺口。一年一年過去了，他日漸消瘦，時髦的藍色西裝也慢慢吞沒他。我第一次見到貝佐斯時，頂上尚有稀毛，但漸漸完全掉光。他的笑聲超強，具有感染力，就像其他厲害的笑聲一樣會讓你跟著笑。貝佐斯站在紐約，即將對全世界發表Kindle，我只能想像他當下必定有何感覺。

這是歷史性的一刻，打從二〇〇四年起，貝佐斯就等著它到來。正如當天他在記者會上所說：「我們做了很多事情，把這道先發現新式閱讀素材、後交到你手中閱讀的體驗變得像是變魔術一般神奇。」

他說對了：它真的很神奇，有如書籍本身一般神奇。

像Kindle這種產品能散發出神力，背後的魔法師就是產品經理。如果你有幸能成為產品經理，就有機會發想出新點子；如果不幸，那就是接手其他主管想出來的點子，並被交代要想辦法實現它們。有些產品經理比其他人專精、有遠見，以亞馬遜為例，執行長就是最終產品經理。

雖然這類產品經理都天賦異稟，他們的成功還得歸功兩大祕密。第一，他們表現得像一隻坐鎮在資訊網中心的蜘蛛，倚賴資訊網絡維生。他們比網絡中的任何人都知道更多，因此可以善用資訊推進他們的專案。第二，他們有開明的自主權去追求自己的目標，這是政治圈或學術界辦不到的事。雖然董事會與股東經常和他們唱反調，這些開明的資本家，仍深信自己的長期計畫和過人的天分。

三年前，貝佐斯就展開艱鉅挑戰，想要發明一種新書、一種新閱讀體驗。但現在，當我們推出自創的第一件產品，不僅是我們終於能夠在大庭廣眾下閱讀Kindle，因為它已非不能說的祕密了，我們還能向別人介紹閱讀電子書的樂趣。我們讓閱讀變得更直接、更有特色，因而得以改變顧客的生活；我們可以採用原始Kindle版本當作發表平台，持續改良創新；我們可以持續針對基本的人類經驗修整改進。五百多年來它未曾稍變。我們提供顧客他們未曾要求的產品，他們立即因為覺得特殊、神奇又令人振奮而感到開心。

至於我，終於可以打電話回家，告訴他們究竟我都在忙些什麼了。最後這幾年，我只能噤聲，因為Kindle是個天大的祕密，以至於雙親還以為我在為聯邦調查局（ＦＢＩ）打工！我真是既興奮又謙卑。我搭公車回家，驕傲地讀著我的Kindle，還對著每個人炫耀，雖然我其實累斃了，而且也不覺得自己還能讀進任何一頁。我暫時鬆一口氣，但也知道，眼前幾個月、幾年還會有更艱鉅的挑戰，不只是對我或對亞馬遜而言，對數十億美元的書市亦然。

書籤：背包、書包和行李

我們那些石器時代的遠祖發明一項創新，至今我仍懷疑，任何人被丟到野外是否有能力複製：簡易石鍋。

無論是盛水、種籽或蜂蜜，我覺得石鍋是石器時代獨一無二的偉大發明。在此之前，人們得盡最大可能貼近河岸生活，或是徒勞無功地用雙手汲水。像這樣粗陋的容器讓人們可以輕易地分散居住、移動並轉送貨物與物體，還用一種改變遊戲規則的方式改進人們的生活品質。我覺得，概念化、封裝手造器具體積的能力，就是文明發展的關鍵之一。

高科技中，能與這個粗陋石鍋相提並論的產物就是資訊雲。

我們不知道這片雲會把我們這個社會帶往何處，它有點像魔毯，我們都坐在上方，高飛在一切事物之上，不確定目的地何在。這片雲本質上就像裝滿數位產品的容器，已經徹底改變我們儲存貨物的方式。在更小的容積裡封存更多內容，這是聰明做法。這片雲好比大石鍋，容量近乎無限、體積近乎於零。我會在〈我們的書正移往雲端〉詳述這個主題，此刻我只想指出，因為這片雲，當我們外出旅行，再也不用帶著電子書或資訊出門了。

隨著我們接納電子書，背包、書包和手提行李顯得愈來愈沒用。

小時候，我每天都得費力地背著大書包在校園裡走來走去，因為下課時間從來就不夠我跑回置物箱換課本，所以整天都得提著每一堂課用到的書。四年國中、四年高中就這樣過了，我這個瘦巴巴的書呆子肩膀竟然異常發達。但其實每天這樣背很累又很煩。每隔幾個月我就得買新書包，每一年我們都得在體育課時檢查脊椎側彎，部分原因當然是因為我們得背著所有的書跑來跑去，把我們的脊椎壓成讓人看了難過的變形彈簧。

所幸，對所有的孩子和他們的背部醫生而言，這一切都沒有必要了。

你若採用數位書籍，每次搬家就不再需要扛著滿箱子的書了；從卡車商或酒商要來的劣質紙箱，即使貼滿膠帶，搬家工人一個沒抱緊，你就得眼睜睜地看著裡面的書全掉下來撒在人行道上。這種日子也消失了。這片雲好比容量無限、攜帶方便的現代版石鍋，能讓我們這些抱著一大堆書的人更容易移動。

數位書籍重量輕如鴻毛，所以無所謂負擔；你不用扛著裝滿數位書籍的紙箱或背包，所以肩膀對數位書籍免疫；眼睛亦然。但很明顯的是，我是數位信徒，就這個意義而言，電子書有任何缺點嗎？當然有。書籍純粹的體積和重量可以為一個家增添莊嚴感，家中有書就說明有文化，住在裡面的人擁有特別的情感與嗜好。對我來說，一個家若充斥著數位音樂、電子書和其他媒體，似乎是有點家徒四壁，就像極簡主義者包浩斯（Bauhaus）的羈留室，極不適合朋友和家人。但那是我的看法。你看待書籍是有如裝飾品，或是一批被拖著走的重大物體呢？

http://jasonmerkoski.com/eb/4.html

5 更臻完美：發表Kindle2

改良Kindle的意義不僅在於提升硬體性能，但是我並未馬上發現這點。

我身為專案經理，得盡一切可能順利交貨，因此得勇往直前任一棟建築、任一國家。我的部分職責是確認大家都遵循時間表，另一部分就殘酷得多，我必須窺探大家不想為人知的祕密，即充當Kindle執行團隊的眼和耳。我必須比任何人都更了解Kindle，才能善盡職責，當然，貝佐斯除外。

我身為Kindle專案經理，有幸得見整個團隊擬定決策的過程。我必須與散布全球各地的團隊、副總裁及身居西雅圖的貝佐斯開會；我身處高位，有機會親眼見證Kindle硬體和電子書誕生並發揮影響力；我身為Kindle主管，學習並了解許多關於Kindle和亞馬遜業務的祕辛，並一窺形塑出Kindle的企業性格。

一年半來，因為Kindle2的誕生地是Lab126，因此我每週都得飛往矽谷。

Kindle2與第一版相較，設計方面有所改進，更輕巧，而且電子墨水更堅固耐用，並具有許多不同灰階功能；閱讀時，手掌更能掌握裝置；而且還配備一些酷炫的功能，像是可以大聲朗讀內容；即時具備更多的功能，但價格更低廉。

幾乎所有Kindle2的硬體或軟體都重新設計打造，即使是裝運Kindle2的紙盒如此微不足道的細節亦然。

原版Kindle的包裝極致展現產品優勢。外觀設計有如一本沉重的白皮書。打開書本，除了Kindle，還有人造皮座台、可以安放電源線的特製套子。排放井然有序。你可以在包裝外及Kindle下側橡膠刻印部分發現令人驚嘆的爆炸符號，就像有人丟擲手榴彈，化為鑄印的爆炸符號一般。

但是第二代的Kindle，外裝是極簡風格的紙盒，沒有任何標記符號顯示裡面裝著Kindle。但當你打開包裝，美觀大方的Kindle安坐於塑膠座台上，就如同一粒美麗的珍珠安然置於半開的牡蠣殼內。極簡風格的外裝仍不失功能，塑膠材質的多層設計、堆疊成奇形怪狀的底台，Kindle2的包裝擁有方便電視晚餐的獨特魅力。

亞馬遜一改華麗的包裝設計，轉變為極簡的紙盒，可透過優比速（UPS）或聯邦快遞（FedEx）運送，而且就算安放在自家門廊也不用怕任何人知道裡面裝什麼。和百思買（Best

Buy）或塔吉特（Target）等大型量販店貨架堆疊所使用的紙盒同款，雖然實用，但少了靈魂的溫度。

雖然新包裝頗具成本效益，卻不帶一絲藝術氣息。我深信工業設計便是時代象徵，而且我並非唯一。安迪．沃荷（Andy Warhol）將現代百貨公司當作博物館欣賞。我喜愛欣賞一九二〇年代的打字機色帶錫罐、一九三〇年代的滑石粉鐵罐，那些年代的工業設計將齊柏林飛船和翱翔空中的飛機當作時代象徵。

如果一百年後世人回顧現今的工業設計，他們可能會認為，我們的文化就是過度執著創造多層次的塑膠和紙板，好安放高價產品；他們可能會輕視這個時代，並誤以為我們沒有任何藝術涵養。但他們不該只因為當代最偉大科技公司執行長個性簡樸，就嚴厲苛責我們的藝術涵養，因為，這些毫不起眼的紙盒裡裝載人類歷史上最不可思議的裝置。

§

新一代的Kindle幾乎改良所有軟、硬體。我們完工後，Kindle2就會名副其實變成真正最令人難以置信的裝置，它所配備的功能絕對可以讓下一代電子書讀者更驚豔。這一切成就得歸功數不清的再發明和嘗試，它們卻是讓我們夜不成眠、壓力破表的元兇。我是大總管，發表日一天一天逼近，開始感受到每天都更接近臨界點。

好不容易捱到發表Kindle2當天，一切有如遊走在夢境一般。我記得，那天暴雪冰封西雅圖，也忘不了巴士一輛接一輛傾倒在側。一輛巴士煞車不及，衝下跨海大橋，墜落普吉特峽灣（Puget Sound）。西雅圖的陡峭山坡覆滿白雪，汽車無法行駛，直到雪融之前，許多駕駛索性棄車行走。

那是二〇〇九年二月，最艱困的發表時刻。我再度於清晨四點進入會場，也再一次瞧見從雲層縫隙間露出的微光。發表會後，我對Kindle的銷售數字已然麻木。二十個小時後，我終於爬上床，足足昏睡一星期。

我從冬眠狀態醒來後，意識到Kindle仍缺乏精密、個性、字型及多媒體等功能。如果你有一本可以實際節錄音樂檔案的音樂歷史書，那該有多美好！這個構想聽起來很不錯，但我懷疑對Kindle而言是否難度太高。因為現在Kindle銷售告捷，嶄新概念和想法都因此變得異常困難，就像穿上高跟鞋走在玻璃地板上，得小心提醒自己不要奔跑，以免甘冒錯誤和不必要的風險。

我也了解，並未善盡宣傳之責，特別是對出版商。我覺得Kindle應該有自己的傳道士，就如蓋伊．川崎（Guy Kawasaki）曾為蘋果傳教一樣，接受雜誌專訪並親臨展場，大談Kindle。這不僅是員工的職責所在，也是實際使用產品的熱愛者，因為深信不疑而表現出近乎宗教式狂熱。此時，我開始感到一股能量灌頂。

我明瞭，改良Kindle的硬體是一回事，但要改良內容又是另一回事。一年半以來的努力，電子書產品並未成功做到差異化，和以前沒兩樣，既沒有變得更差，但也沒有更好。

我認為第二代Kindle唯一改良的書籍是情色類。這是因為Kindle2的灰階色調數量倍增，所有情色書刊的銷量都居高不下，雜誌、書籍都一樣，但電子書特別驚人。亞馬遜當然不想販賣情色書籍，但無法阻止消費者在別處購買並載入自己的Kindle。你有了Kindle，就可以下載情色書籍並隨處閱讀，即使在地鐵也無妨。沒有人會猜到你是在觀賞情色圖片，而非最新暢銷書。數位圖書保障讀者閱讀隱私相當出色。正因如此，除了褐色紙袋外，數位圖書應該是情色書籍的最佳良伴。

但缺點是，不論電子墨水的振動頻率多高，圖片可能看來非常怪異突兀。例如，原版Kindle的二位元電子墨水螢幕只有四種灰階色調，其中兩種是白色和黑色，其餘就只剩兩種。不論你想嘗試顯示帶有天空或細嫩女性大腿的圖片，光憑四種顏色是很難讓情色圖看來秀色可餐。你可能會抱怨電子墨水無法真實呈現情色圖，也可能對此感到高興，端視你對情色書籍的態度而定。即使Kindle2目前擁有十六種色彩，縱使有些許改善，但數位情色書籍看來仍不具吸引力。

顯然，除了情色書籍外，改良其他內容也深具潛力，各種書類都可轉換成電子式閱讀，包括地圖、字典、漫畫、旅遊指南和教科書！

Kindle2發表後不久，我就找資深的管理團隊討論，決定接下Kindle的技術傳道士一職。我不但是傳道士，也將是產品經理，把全部的注意力都放在電子書上。產品經理就像務實的未來學家，可想像未來九個月後的光景，並親眼見證從概念到發表的過程。我有能力成就偉大夢想，並完成重大改良。

我再度煥然一新並重獲活力，準備好在亞馬遜展開人生新頁。我身為亞馬遜第一位技術傳道士，每週得當空中飛人，不僅得在曼哈頓中城辦公室與出版商會面，一同激盪出電子書的全新概念；必須飛往印度或菲律賓，親身了解轉換中心如何製作電子書，並與他們分享我在亞馬遜學到的知識，更讓他們了解如何以更低價格展現出更優秀和更快速的工作成果。我與電子書生態系統中的每道環節一起努力發揮微小的影響力，推動電子書產業向前，並找出出版商降低成本並加速轉換電子書的方式，讓讀者可以有更多種類的電子書可選擇。

我曾親見大如倉庫的機器像是書的木材削片機一般，數秒鐘從書頁中央將書撕毀，但又如醫師的手術刀一樣精密準確；我也曾在印度的科技園區中，親見數組造價二十五萬美元長得像是人造機器蜘蛛的實驗性機器，用來進行非破壞性掃描，將內容數位化的高階方式，而非盜取書籍內容的廉價方式。機器將書舉起後小心翻頁，進行拍攝和數位化作業。人工機器蜘蛛的作業非常精密，即使它們手抱嬰兒更換尿布，我也不擔心。

我身為傳道士，有機會與全球出版商會面，得以親見出版商在邁向數位圖書的道路上艱辛前進。有些出版商的表現比其他更好；事實上，有些出版商徹底展現出革命性格。

最後，我認為早年投身於電子書的每個人，都受到自身經驗的影響而改變。我們工作的目標不僅僅是賺一份薪水，也在不斷學習、成長。我們在不同時期展現不同風貌，就像手持畫筆和水桶，在人行道上彩繪自己的畫像。有可能你彩繪在人行道上的水開始消逝和蒸發時，才完成一半而已，因此搞不好永遠都畫不完。

我們就像在炎熱夏季午後彩繪於人行道上的畫像。你會發現，這些電子書革命者眼中滿是狂熱和熱情，比出版商、零售商或獨立軟體供應商和業餘專家更強烈。如果我們僅是MP3、數位影像革命或測試圖樣時代的電視革命的一環，則又是另一回事，但也許你早就知道，書本有更懾人的特質。書中藏有維繫人類生命的生命線，黑墨般的文字和污跡自能找到進入人類心靈的路徑。畢竟，書雖然微不足道，卻是人類生存的必要條件。它們是鳥語、魔法和詭計的天書，而且不分軒輊。

我身為傳道士，會與非亞馬遜員工的出版商和電子書革命者交流。改良電子書內容可進一步推動電子書革命向前。我大膽跨越亞馬遜為員工築好的花園圍牆，角色如同電子書界的強尼．蘋果籽（Johnny Appleseed，譯注：將蘋果樹引進美國的先驅），永遠無從得知這些種籽長成後的模樣，只知道必須種下這些種籽，它們會發芽長大、結成果實並落葉歸根，重回亞馬遜和我所熱愛的Kindle以及電子書的懷抱。對我和具高度神祕色彩的亞馬遜而言，傳道士的角色都是全新體驗。對亞馬遜而言，這將是劃時代的一步。

書籤：焚書

一五六二年七月十二日，猶加敦（Yucatan）主教狄亞哥．德蘭達（Diego de Landa）點燃令人畏懼的火苗。上百捲馬雅文化的捲軸和上千幅聖像被擲入火堆。他深信，自己的行為是身為人的道德權利，並宣稱這些書「充滿魔鬼的迷信和謊言」。他取得馬雅人的信任並得以近觀他們的聖書，但是西班牙征服者所賜予他的權力，讓他義無反顧焚毀所有聖書。古老龐大的馬雅帝國，現今只存有三個完整捲軸，而第四捲還存有燒焦痕跡。

納粹也背負焚書的罪惡。納粹青年軍從圖書館搜刮一空尤太人和「腐朽」的古書，包括亞伯特・愛因斯坦（Albert Einstein）和厄尼・海明威（Ernest Hemingway）的著作，任由火苗吞噬。至少有一萬八千種書籍被納粹視為具有反動性，成千上萬不可言說的書籍在眾人踴躍參與的公開活動中被焚毀。

焚書在人類歷史上被視為暴君所使用的一種工具，懲罰或邊緣化反對者的手段。你是否認為美國比較開化？那可不見得。雖然身處美國的我們享有言論自由，有時卻也不得不採取暴君式手段。一九五〇年代早期的麥卡錫（McCarthy）時代，曾決定將任何「具爭議性個人、共產主義者和同路人所著的書籍」從圖書館搜刮一空，並同樣採取焚書政策。事實上，這可是總統下令執行的政策。

但電子書不同，電子書難以被焚毀。

焚燒電子閱讀器所產生的煙霧會嗆傷你，所以請千萬不要嘗試。雖然數位焚書是不可能的任務，但是另一種絕妙的焚書方式可能崛起。少數控制數位書籍分銷的零售商可能會出於任何一種原因，選擇不讓某一本或多本書籍上市。

回顧歷史，就在iPad問世後的二〇一〇年，亞馬遜決定不販售麥克米倫出版公司（Macmillan）的圖書，抗議這家頂尖出版商即將採行的全新定價條款。亞馬遜從所有閱讀器中移除上萬本書。

有時亞馬遜會做出最大膽、最出人意外的舉動，這是其一。移除網頁上產品項目的「購買鍵」就意味著，你不可能在亞馬遜網站上下單訂購某一本特定的書籍，儘管你看到書籍已近在眼前，但就是無法購買。只要購買鍵一直沒有放回原處，就無法下單。

這是讓亞馬遜和任何決定急踩煞車的業務夥伴損失大筆金錢的決定，但根據合約精神，亞馬遜可以做此決定。為什麼線上零售商願意賠錢做出如此決定？那就等同於自斷手足一樣。或許是因為亞馬遜之前也曾多次自斷手足，讓它自以為擁有刀槍不入的神力；也或許是傷痕累累的雙足讓它豁出去了。

急踩販售圖書的煞車是亞馬遜懲罰出版商所採取的措施，氣勢有如專斷的拜占庭皇帝在大庭上隻手一揮。這是商業談判中最具殺傷力的威脅手段。但麥克米倫才不是大庭上拜占庭皇帝的諸侯。出版商在業界自成一個龐大帝國。急踩販售圖書煞車的行動惹惱了出版商，並在它們團結集體報復後傷及自身。亞馬遜需要書籍加持、需要出版商支持，還有最重要的客戶支持，最後仍不得不讓步。

有些選擇很難做，但唯有此刻才得以展現領導者風範。我認為亞馬遜的領導者錯了。具有道德感的零售商必須對消費者履行社會性契約。僅因內部陰謀或為了更高的獲利而採取的政策就罷買或審核內容，實屬不恰當。

不幸中的大幸是，我認為，這類案例顯示大眾憤怒的力量得以改變現狀，有可能讓犯錯的企業蒙羞或至少讓企業更小心採取任何行動。蘋果發表「搖搖嬰兒」（Baby Shaker）應用程式，鼓勵用戶將遊戲裡的虛擬嬰兒搖晃至死，當時大眾的憤怒也同樣發出力量。雖然這款恐怖的iPhone應用程式是其他公司所開發，但仍不應通過蘋果的品管標準。幸好大眾的怒吼讓此款應用程式在一天內就下架了。

企業在決定商品上架時，沒有哪一家擁有完美的品管政策或審核標準，它們必須傾聽消費者的心聲，深入了解消費者所貼的產品評論，並嚴格監控部落格內容；但企業也必須訂定健全的標準，避免採取誹謗活動和不當的霸凌行動。了解何時移除或恢復內容，必須在道德上取得平衡，並擁有強烈的道德感。

這是艱難的抉擇：即使書籍可能引起大眾反感，我們該如何畫出不侵犯言論自由的界線？更重要的是，該由誰畫出這條界線？亞馬遜高層擁有什麼樣的道德或文學特性？邦諾書店（Barnes & Noble）、Google或蘋果的零售商又如何？你必須自問，是否信任這些男性（大部分確實是白種男性）？你是否信任他們為你做出允許購買哪些書籍的決定？

http://jasonmerkoski.com/eb/5.html

6 第一位競爭者

你可以開發創新突破，但僅是曇花一現。競爭者會驀地出現，挾著類似或比你的產品更先進的改良版向你挑戰。對亞馬遜而言，第一個競爭者是昔日死對頭，雙方曾在書市競爭，不過當時的對手看來是沾不到高科技產品的邊，但二〇〇九年十一月，不可能的事情卻發生了。

§

陽光普照的洛杉磯，短袖是大家不可或缺的行頭，帶有一九六〇年代的調調，像是受到電影《摩登家庭》（*The Jetsons*）的影響。唯一的不同是有棕櫚樹蹤影，卻不見星際戰艦的蹤跡；有路邊小吃店，高速公路以不可思議的角度蜿蜒著；在最不可能出現的地方，出現最美味的家庭式墨西哥玉米餅小店，就像商場中夾在自助洗衣店和異國風味寵物店之間的小店。

航班臨停時間漫長，我逛進賣場中的邦諾書店，一坐好幾個小時觀察往來人潮。我看到售貨亭的推銷員貝蒂娜正不斷展示邦諾一款全新的電子閱讀器Nook。不時有零星散客駐足停留，對Nook感興趣，但更多時候她就像櫃檯小姐，路人停下來要不問她廁所在哪，就是商店何時關門。Nook一點也不像熱門商品。

我走向她並表現感興趣的樣子。我一直稱它Kindle，只為了折磨她。「這台Kindle有什麼功能？」我問。她笑了出來，趕緊解釋，並引導我至展示台。我告訴她，店裡架上的書如果都附上一張貼紙，顯示Nook有電子版，那就更棒了。這是邦諾輕而易舉，亞馬遜卻辦不到的事。

幾分鐘後，身穿毛衣貌似老奶奶的男人走過去，瞧了一眼Nook；再來是一位臉上有大片刺青的女人，她大概會觸動金屬探測器。我慢慢飄離原處。

我熱愛現實世界的零售活動。它讓你跳過網路這個虛無縹緲的障礙，直接面對客戶。就我們所知，賣書活動始於羅馬共和國結束之際，也就是西元前五〇年左右，那時還沒有所謂的出版商。零售商可直接與抄寫員、作者訂定合約，然後擬定販售書籍的清單，並張貼在羅馬蜿蜒小街的店牆外供客戶瀏覽。據我們所知，在作者、出版商及零售商個別角色發展、版權概念及出版權利保障觀念出現，再加上郵購和線上商務爆炸性成長後，賣書流程更為複雜。

雖然我在線上零售業服務二十年，我從不曾厭倦逛書店。我是書店旅者，出外度假抵達新城市的第一目標就是鑽進當地的獨立書店。在我心中，邦諾占有特殊地位，它是規模最大的零售書店。

它們在電子書市場也非常搶眼，堪稱所有販售專屬電子閱讀器的零售商中最有創新性的代表；它們是第一家推出全新書籍閱讀功能的零售商，在硬體方面也不時有創新之舉；它們是第一家擁有觸控式電子墨水螢幕的零售商；它們透過朋友互換書籍，創新數位書籍借閱方式。老天，如果你置身邦諾，大約可免費閱讀Nook一小時；它們通盤了解書籍，因此更容易從真實世界邁向數位化。

它們擺脫專屬研發團隊的重擔，因此加速創新；它們將相關業務外包給台灣的英業達，這家公司好比是槍手角色，就像把Lab126外租給最高價的客戶。邦諾將產品研發的基本工作外包後，專注創新。

它們的Nook是徹頭徹尾的未來產品。我自己第一次取得Nook時，與所有人一樣感到困惑，因為它擁有超大型的電子墨水螢幕可供閱讀，底部還有薄型彩色螢幕可以導覽。我第一次打開Nook時，就像收到生日禮物衝出客廳的小孩一樣。（好吧，它就是我買給自己的生日禮物。）Nook聰明的雙螢幕設計非常創新，但在神經認知方面極不協調。（你被所有導覽螢幕搞混時，閱讀體驗更顯無足輕重。）

邦諾打造如此創新裝置的原因之一是，它不像蘋果和亞馬遜一樣得煩惱布建自己的作業系統。這兩家公司養了一大票工程師，老是東改西調，並從頭設計全新的作業系統，進步速度都被拖累了。邦諾僅使用Google免費的安卓（Android）作業系統，它讓零售商的工程師得以專注提升電子書閱讀體驗。

邦諾的軟體和硬體都具有一定的創新性。例如，Nook是第一款具備遊戲平台的電子閱讀器。你不得不讚嘆它們的工作，回敬這些工程師和主管一些掌聲。

除此之外，他們在互動式兒童電子書的創新，也讓出版界同業陷入五里霧中。這是有史以來第一次，你可與電子書玩遊戲。你可觸碰大象，親耳聆聽它們發出的怒吼；或你也可化身書中的角色。從互動式兒童書籍進展到成人或任何年齡層的互動式書籍自然不費吹灰之力。

但是，如果你問我，就算有這些酷炫的互動功能，我認為電子書還不適合兒童。我認為兒童書籍是既神聖又感性的產物，是發揮想像力用蠟筆在布上畫出天馬行空的圖案。對孩童而言，語言是一種謎語、一種奇怪的符號，他們得解開謎題，才能精熟語言，變為成熟的讀者。遊戲會讓他們在這道旅途上分心。

多數的出版商和我都同意，它們在兒童書籍採取謹慎、緩慢的行動，因為一生下來就熟悉數位化，長期而言可能影響他們學習閱讀。我們正冒險將整個世代的兒童推向未知和未善加規劃的未來。

雖然有時我也愛看電視節目，但是當我回首孩提時代，仍不免有些不平。那時候電視節目《巴克・羅傑斯》（*Buck Rogers*，譯注：第一部太空探險題材的流行電視作品）、《芝麻街》（*Sesame Street*）的奧斯卡（Oscar the Grouch）、陳年老遊戲和老牌節目主持人包伯・巴克（Bob Barker）常是我的保母。至今我仍可正確報出一九八〇年代可可泡芙的價格，這都得歸功《全民估價王》（*The Price Is Right*）這個節目。數位書籍就如同電視和其他媒體，對於已經打開神祕寶箱，知曉其中邪惡祕密的潘朵拉而言，是最佳的結果。

換言之，我為Nook團隊發明互動式電子書的功能喝采。這是大膽、創新的舉動。不久蘋果和亞馬遜也起而效之。無獨有偶，Nook導入全新的電子書借閱時，其他零售商也紛紛新增功能。

§

電子書創新有如貓捉老鼠的遊戲。糟的是，缺點之一就是創新概念死得也快，企圖趕上競爭者腳步時，創新跟著變得困難。蘋果推出平板電腦時，亞馬遜必須跟進，即使製圖板上毫無疑問擁有其他新功能，但若沒有零售商發表過就無緣面世。

我認為競爭是良性的，因為功能競賽徹底說明達爾文主義（Darwinism）：如果功能非常成功，就會被複製；未能通過試驗的功能則會在乏人閱讀的商業規格文件中消失；參與建立這項功能的資源會被重新導向其他工作，以趕上對手。

亞馬遜可能贏了電子書革命，卻輸掉戰爭。像邦諾和蘋果這類競爭者已成功模糊界線，並向大眾證明，它們也可提供絕佳的多媒體體驗。亞馬遜品牌在許多讀者眼中不再具有獨特性。亞馬遜所擁有的策略性優勢主要來自它與出版商關係深厚，其他零售商遠遠比不上。或許邦諾是個例外。

這場革命始自一台笨重、只有四種灰階、可收錄一百本書的四百美元裝置，但是戰爭至今已蔓延到所有媒體，攸關書籍、影音匯流。戰爭還沒完，因為其他競爭者加入，吸引你的目光。書籍曾廣受大眾歡迎，但如今市占率已急速縮水。雖然書籍媒體仍是價值十億美元的產業，但就人均媒體消費而言，卻逐漸被電視、電影、影音及遊戲所超越。

二〇一〇年尼爾森（Nielsen）調查美國家庭的報告顯示，書籍僅占家戶每月平均可支配所得的三％，音樂占五％、影像遊戲占九％，影片則高達二九％。僅靠販售書籍的利基型業者將失去任何生存空間，這也是數位零售商為何要搭各種類型媒體的便車切入市場。目前電子書內容採大宗商品定價，但最終一別勝負的關鍵仍是閱讀體驗本身。

這場戰爭的勝利者不是坐上模擬桌，拿比例縮小的全新戰艦、飛機和坦克比畫的將軍，而是由設計師、使用者介面藝術師及仍具有人文精神的大眾所決定。文藝復興時代，實體書廣為流行，這種精神得以枝繁葉茂。文藝復興是可讀字型崛起、裝訂書和版面創新及編排圖片的時代。印刷工總是具有實驗精神，不論是新藝術運動時期（Art Nouveau）的華麗裝飾，或現代崛起的德國格網風格。

終歸原點，設計乃一切之本。

花一個週末待在洛杉磯，再花一個週末待在西雅圖，然後自問你比較想在哪一處生活？西雅圖從原木匯集的小鎮，成為通往育空地區豐富資源的通道開始發展。它的根源建立在善用資源，好比有取之不盡的樹木可砍、用之不竭的黃金可採。歷史上，西雅圖能吸引意志堅定、聰明靈活的商業人士，這也是微軟（Microsoft）、亞馬遜和波音（Boeing）聚集此處的原因。但坦白說，這不是展開書本革命冒險的最佳去處。

像紐約和洛杉磯等地仍是藝術深根發源之地。紐約是戲院、出版及廣告業聚集地，而洛杉磯的中心是好萊塢電影工業。你無法在西雅圖感受到那股感性，光是觀察Kindle和所有複製設計的山寨版產品就可見分曉。儘管我看好電子書的前景，但目前仍欠東風，而且這個缺點不會改變，因為所有電子閱讀器都在矽谷製造。蘋果、亞馬遜和邦諾都在矽谷延攬設計師，因為這裡是所有技術人才聚集地，但你在這群技術人才身上找不到藝術涵養，欠缺針對書籍導向的設計。

我們這些消費者和讀者並非蠢蛋，不需要貧乏的閱讀體驗；我們才不要破爛的塑膠殼和模糊不清的螢幕，但悲哀的是，這正是許多電子閱讀器所提供的品質，特別是誕生於二〇〇七年至二〇一二年間，所有人一窩蜂販售廉價電子閱讀器的年代。不論好壞，我們所使用的工具和我們所穿的衣物，在許多方面代表我們的個性。我們不想被廉價的產品包圍，才沒有人願意，但我們也不想當冤大頭購買鑽石硬殼的電子閱讀器；我們不需要亮晶晶的裝飾，而是可以真正代表我們並與我們對話的設計。

這是實體書封面的極致，也是它進化為高度專門性、具有靈性的原因。它們只需提高些許成本，就可為讀者帶來生動、色彩豐富的閱讀體驗。當你回想曾閱讀的書籍時，想起書中的任何字眼或想法前，最先想到的是封面。當設計師再度重新掌握實體書原始的力量時，我認為我們可在未來的電子閱讀器預見更具靈魂溫度的主題。

到頭來，印刷和數位書籍之間的界線將變得模糊、最終消失。電子書的設計概念仍偷師實體書。它們複製書籤和注釋，以及翻頁和頁數的概念，雖然頁數在電子書中根本沒有任何道理。

什麼是頁數？如果你可動態變更字體大小或字型，頁數要怎麼算？如果在書中嵌入遊戲，而遊戲橫跨數個階層，頁數又怎麼算？這些設計上的概念是從實體書過渡到數位書過時的元件。但在保留實體書最精華的部分時，仍有機會重新發展數位閱讀體驗。

比亞馬遜更具人文精神的企業將可因為打造更人性、更專注閱讀的體驗，贏得這場電子閱讀器的戰爭。兒童電子書應該好玩，成人電子書則應該具思考性、靈性和娛樂性。企業應致力創造出有趣、驚奇體驗的機會。或許你書本翻開太久沒有再翻頁時，頁面會出現數位鬥蟲；或許你閱讀驚悚小說時，翻到關鍵頁面時，聽見出人意料的槍聲。雖然在硬體上很難實現，仍可透過軟體創造，讓電子書的體驗更具靈性而非惰性。

讓我們把話攤開來說：情感上Nook或Kindle仍有不足之處。或許時間一久，工業設計會變得更人性化，就如同尼爾．史帝芬森在《鑽石年代》所述的「繪本啟蒙瓊林」；或像電視影集《神探加傑特》（*Inspector Gadget*）中潘妮（Penny）所使用的書籍，擁有實際可翻頁的電子書。更精良的設計將會是閱讀得以重生的關鍵部分。但要達成此點，我們必須如在科技和成本上的優越表現，在設計和靈魂上展現出創新性。

在此方面表現最佳的公司是蘋果。它們在發表iPad時，打破所有人對電子閱讀器先入為主的成見。

iPad是最佳實例，但我並未涉入，我沒有投入大量時間或參加數不清的產品開發大會。這將是我們得以閱讀並樂在其中的故事之一。在這個故事中，你會大方說出，作者的表現優越。賈伯斯的成就確實非凡。

蘋果通透了解許多事情，包括優異的產品設計。iPad是多功能裝置，不像電子閱讀器是閱讀電子書專用。專用電子書在閱讀書籍的功能上表現非常優異；但iPad更像一把瑞士小刀，不僅可以切牛排、開紅酒，吃飽喝足後甚至可以當牙籤用！你要的功能應有盡有。

當然每項產品都有缺點。iPad的缺點就是，在直射陽光下要使用時，頭會很痛，因為它沒有配備非反光性電子墨水螢幕。整體來說，蘋果製作產品時，在真正讓人感受iPad是一本書這方面非常成功。iPad的重量大致與書相同，螢幕尺寸也等同於一般實體書，連翻頁的回應速度也差不多。你不用像使用電子墨水閱讀器一樣多等待半秒鐘。這是千真萬確的事實，就如蘋果老掛在嘴邊的口頭禪，神奇的裝置，也就是消費者喜愛的裝置。

不意外，因為蘋果身為全美國最受人喜愛的公司之一，擁有一些最著名的愛的標記（lovemark）。

愛的標記，是一種補足品牌不足的概念。品牌已老，產品已然變成沒有新意的貨品，要成功銷售產品，就必須擁有因狂熱而產生的愛意、擁有對品牌應有的尊重。如果心懷熱愛和尊重，就擁有愛的標記，指的是一種結合親密感、神祕感及感性的標記。

愛的標記最佳範例是瑞士小刀。每次打開小刀，就會發現新的工具、螺絲起子、湯匙或牙籤，誰料想得到裡頭還藏有哪些玄機，只要一打開就會有驚喜、樂趣和滿足的感覺。與Kindle初次上市所帶來的滿足感別無軒輊。只要擁有Kindle，你可以在六十秒內下載一本書。（直到今日，速度之快仍讓我深感驚奇。）就算是最不起眼的名稱Kindle也代表某種神祕事物。哪種體驗會比蜷起身體閱讀一本書更為親密？亞馬遜賦予Kindle特性，讓它變成一種愛的標記。

更神奇的是，亞馬遜聚焦產品本身，而不是廣告活動。

第一波Kindle廣告強調愛的標記這個概念，想像中的書本似乎鮮活過來，再度展現平易近人的特質。但是之後的廣告似乎重新投入亞馬遜零售的根本。在其中一支廣告裡，一男一女並肩坐在拉斯維加斯旅館的泳池旁。男子捧著紙本書興味盎然地閱讀，女子卻興高采烈滔滔不絕地解釋Kindle的神奇功能，最棒的是，竟比設計師品牌的太陽眼鏡便宜。徹底將Kindle商品化。完全不見愛的標記。

此類廣告只將Kindle視為一種有價商品，滿足人類功利上的需要。誠然，你對零售商批發商品的廣告能有什麼期待，它們無法展現書籍本身那充滿靈性和神祕的特質。我懷疑廣告素質太差了，反將一些Kindle潛在消費者嚇跑了。

另一方面，邦諾的Nook廣告卻讓人備感親切和感性，內容敘述一名小女孩長成青少女，再長大成人，身為觀眾的我們得以透過閱讀的書籍貼近她的心靈。這一支廣告將閱讀帶到新境界，同時讓你安心擁抱傳統。但廣告訴諸感性同時也傳達出Nook是一款電子閱讀器，具有無線網路功能和各種不同的內容。這是原版Kindle廣告未曾嘗試傳達的訊息。

Nook是一種備受忽視的愛的標記。邦諾的團隊為Nook賦予許多絕佳功能，就愛的標記這點，我認為他們創造出比其他專屬電子閱讀器更平易近人的產品。Nook背面的橡膠材質柔軟有彈性，不像隨後上市的Kindle如金屬般堅韌，這種特質讓它更感性、更平易近人。邦諾同時也重建書店內著名作者的鏤空封面，並當作Nook的螢幕保護程式。這是一款傑出的產品，不僅是因為讓讀者的閱讀體驗更平易近人，更是因為將邦諾品牌的印象深植於人心。

我不得不承認，我熱愛邦諾和其他實體書店。在書店中隨意閒逛一小時，非常值得。但亞馬遜卻讓人愛不下去。我們不會像熱愛蘋果或實體書店那樣熱愛亞馬遜。最多，你會感佩亞馬遜專注細節、實惠價格及堅守交貨日期的決心，但不會熱愛亞馬遜品牌。你百分之百信任它，它的存在就如同街角的郵局。我相信一般人很難熱愛郵局，但不會擔心寄送的包裹會丟失。雖然人總會失足，但總體來說，郵局仍擁有無懈可擊的完美紀錄。

亞馬遜推出的Kindle就如同郵局推出全新電子信函服務，這是剪貼板大小的塑膠工具，你可透過螢幕閱讀收到的信件。你信任亞馬遜就如同信任郵局，無疑地你會在推出書籍內容時迫不及待閱讀。這種工具省去你往來郵箱或書店的麻煩，是休閒時或工作閱讀的最佳良伴，但你從未聽過有人自稱是郵局粉絲，並迫不及待「開箱」最新的郵票書。

我在此應該詳細描述粉絲的意義，粉絲就是執迷品牌，常在長長的人龍中搶排第一，只為購買品牌最新商品。粉絲買到商品後，就會以百米速度衝回家，錄下全新玩具的「開箱」過程。如果你沒聽過「開箱」，指的是錄製打開全新玩具包裝的過程。我建議你點開YouTube網頁搜尋這個詞，並仔細欣賞網路上成千上萬支開箱影片。

開箱是一種滿足全新偷窺心態的現象，開箱的過程極為煽情，但又不乏高技術性，有如科技情色影片；有如我們嚮往與消費者電子商品神交的過程。工具網站和YouTube上無數的開箱影片就是我們執著於高科技產品的最佳證明。

我們文化中的粉絲和小工具沉迷者，永遠渴求性感的電子閱讀器。

我們的文化滋養科技不斷發展，粉絲錄製工具開箱影片的方式，就如同貴賓每年坐在時尚伸展台下，垂涎欲滴地仰望著身穿性感內衣的模特兒如出一轍。我們還要多久才會像舉辦時尚秀一樣舉辦商品上市活動，在性感火辣的音樂背景下展示全新電子商品，狗仔搶拍商品照片，而執行長或副總裁就如同介紹下一季性感內衣般展示商品，欣賞矽谷最新的創作產品？

我們賦予這種現象一個經濟術語：商品狂熱。對商品的狂熱已超出所有零件組合所應得的注意力。例如，我們花用的現金比票面價值更低，因為只需幾文錢，就可製作一美元鈔票；豆豆娃在最受歡迎那段時期，品牌價值超過單純製造的價值；消費者單方面認定椰菜娃娃這類絨毛動物玩具價值較高，以至於價格一飛沖天，被當成收藏品。

商品狂熱的概念是由一群十九世紀的大鬍子經濟學家提出，更神奇的是，這些概念發想的年代竟是來自駿馬和越野車的時代。令人驚奇的是，這樣的概念到二十一世紀的今天仍十分貼切，並進化成我暱稱的科技商品狂熱症，每年得花大錢購買最新和最優的玩具。

每次iPhone推出新版本時，就會目睹活生生的科技商品狂熱實例。靠近AT＆T和蘋果商店所在的街角圍了一圈又一圈的排隊人潮，粉絲們在長長的人龍中待上數天，只為成為那一區第一個拿到最新裝置的幸運兒。行銷人員對此見獵心喜，決定善加利用，這也是蘋果這類企業願意預先發表新款iPad的原因：讓新商品上市前幾週預先接單，激發人們對它的渴望，但同時又實際地善用最後一批零件，讓生產線全力生產最後一批較老式商品。

從各方面來看，科技商品狂熱始終蓬勃發展，每年發表的科技商品數量就可印證這點。邦諾和蘋果可能是亞馬遜頭號競爭對手，但不是亞馬遜唯一的競爭對手。事實顯示，二〇一三年初，一共有四十五款電子墨水式的電子閱讀器上市，還有許多擁有電子書支援的平板電腦和智慧型手機在市面流通。亞馬遜和邦諾功不可沒，我們現在才得以即時隨選下載電子書。對我而言，這仍是令人難以置信的夢境，好似半置身《摩登家庭》、半置身《鑽石年代》中。

書籤：瀏覽群書

購買前可以先瀏覽書籍封面，並從封面翻頁至封底的功能，已隨著電子書革命白熱化而消逝。雖然令人感傷，但這是獨立書店，甚至大型書店逐步衰退並歇業的必然結果。無庸置疑，在書店瀏覽是緩慢的過程，事實上，實體書或電子書皆然。不論你漫步在當地書店的走道或在亞馬遜網站選按不同內容種類和子種類的書籍都非常耗時。

比瀏覽群書更省時的解決方式可能是一種類似Foursquare型態的打卡式書架（譯注：一種定位用戶所在地點的網路服務，鼓勵用戶向他人分享地理資訊），大眾會自己變成圖書館員或成堆書籍的管理人，並推薦該種類最佳叢書。在當地書店他們不僅僅可以是購書專家，也可擴大至地區或全國書店。要吸引大家提供建議，可加入一些競爭元素，就像管理人／圖書館員，抵禦可能的挑戰者，保衛自己的領土。

想像一下，閱讀完畢特定主題的書籍後就打卡，開始培養出特定主題的專業，有可能會比當地酒吧歡樂時光所賣出的佳釀更多產。也許我只是個小書蟲，但我認為注入電子書概念的Foursquare是不錯的起步。每次閱讀完畢一本指定主題的電子書就打卡，並以無可爭辯的方式量化，逐步在專長領域累積名聲。閱讀完畢一本書後彷彿就聽到現金叮咚響聲！你再度在這個線上社群系統得分。如果我曾經從社群媒體學到一些東西，那就是大家都希望拿到紅利。它們是推動我們前進的最佳動機，尤其是名聲垂危時。

我特別觀察到，如今社群化學習正方興未艾，一些百科全書和其他由上至下的權威性來源正在式微，取而代之的是如維基百科的群眾外包式（crowd-sourced）資訊、「好讀」

（Goodreads）和亞馬遜自有網站Shelfari，它們採取更民主化的方式推薦書籍，但社群式閱讀仍是相對較新的概念。

你是否信任網路上未曾謀面的陌生人所推薦的書籍？如果信任，你是否曾從這些網站中發掘出絕佳好書？或更棒的是，畢竟我們是社群動物，你是否曾使用這些網站實際與這些有趣的人士見面？我樂意傾聽你的故事，因為，就讓我們打開天窗說亮話：你絕不可能與亞馬遜或蘋果書籍推薦軟體展開更有趣的對話！

http://jasonmerkoski.com/eb/6.html

7 閱讀活動的神經生物學原理

我學到許多閱讀及電子書閱讀的本質，這些對我們了解自己置身電子書革命初期階段的哪一個位置、離革命真正成功還要多久來說很重要。

最開始也最重要的一點是，不論電子書的質感多好，它的讀者都不會挑燈夜戰、愛不釋手。

當我回想最愛的實體書觸感時，記憶便沉浸在兒時所讀的《聖經》，薄如蟬翼的透明洋蔥紙就像攤直的面紙；或是想起童軍手冊，紀錄日期讓人起疑，但隱約顯露出一九七〇年代的字樣；也或許是一九三〇年代殘缺不全的通俗科幻小說雜誌，如果翻頁速度太快，泛黃的頁面可能碎成片片，並意外發現類似玻璃纖維的材質。

目前電子閱讀器的顯示螢幕仍屬原始階段，無法正確體現實體書的質感。電子墨水自有藝術性的一面，一片黑墨色螢幕上微小的二氧化鈦球形物體近乎隨機堆積狀態；但電子墨水沒有讓人溫暖的質感，不柔軟，彷彿取自古書經過歲月洗禮的破爛頁面。我也發現它雖想模仿實體書的文字，但成效不彰。在放大鏡下觀察，邊緣仍有鋸齒狀。

沒有一台電子閱讀器可以達到實體書的解析度。目前的電子墨水閱讀器充其量只可在每英寸的解析度中顯示兩百個點，但是即使最普通的大眾紙本叢書都可以達到每英寸三百點時，兩百點聽起來就顯得微不足道；攝影集和藝術叢書的質感更勝一籌，通常是二至四倍。如果你是紙本書的擁護者，我和你站在同一邊。實體書勝在質感，電子書仍有長路要走。

實體書的能量也反映在完整故事的嚴肅構想。此外，頁面的觸感可能粗糙、光滑、冰冷或像瓦楞紙，讓讀者得以銘記於心，繼續發展實體書與閱讀體驗的相關性，閱讀時思緒不至於神遊他處。實體書真實存在，讓讀者可安心蜷著身體閱讀，與電子閱讀器配備全然只有塑膠感或玻璃感，乾淨無菌又赤裸裸的感覺完全不同。

§

大腦也會感受到細微差別。

在我們腦中，閱讀就像香腸工廠的作業流程，只要製造端不塞車，就能安然逐字閱讀。

大腦的理解中心會拆解所有的字詞，試圖了解語意、語法和文法。雙眼貪婪吞食下一個字詞或倒帶再三確定稍早閱讀的內容時，會有充裕時間回想、深思，得到這本書所傳達的理念及閱讀內容的意義。換言之，就是讓內容對讀者而言，變得言之有物。

我們的生理機制究竟是怎樣啟動閱讀的？一言以蔽之，人類的大腦形如核桃殼，大腦頂葉會帶你暫時脫離當下的現實，沉浸在文字魅力中。大腦會命令眼睛逐字移動，腦丘則會讓注意力集中在字母或字詞中。大腦的扣帶迴會將雙眼導引至每個字詞，然後大腦會確認你是否熟悉或理解方才閱讀的文字。

瀏覽器的快取功能讓你之後得以快速存取網站，你的大腦就和它一樣，也對字詞進行相同的作業。大腦枕部—顳部稱為三十七區的部分會形成視覺性字詞的快取功能；大腦顳葉將這些符號轉譯為聲音，而位於大腦後側的前迴會轉換聲音成為只有自己可以聽見的內心獨白。左側顳葉、右小腦和布洛卡區的功用是將聲音串流變為有意義的文字。

這是人類腦殼中機轉複雜的香腸工廠。速度飛快，只要通暢無阻，處理每個字的時間不超過一百毫秒。只要書中出現的不是怪異閃光或鬼怪，你在電子閱讀器所見的文字就如同閱讀實體書一樣，對你內心的獨白都具有文字上的意義。

沒錯，這些聽起來非常技術性。讓我再次強調：閱讀實體書或數位書籍時，沒有任何認知上的差異。

然而，書籍本身比內含的文字更具意義。大腦習慣閱讀後，就習慣於同時思量書本整頁的整體性內容；如果你願意，大腦會習慣與正在閱讀書籍的印刷工和版面設計師對白。這是為何偶爾使用新的字型、下沉型大寫字母或甚至斜體字，都可以讓你更專心閱讀。它保持大腦的活躍度，不會因其他瑣事分心。但是閱讀電子閱讀器中的書籍時，這樣的對話卻不甚流暢。數位頁面通常失去沉悶的格式字彙表旁錨點的細微不同之處，例如隱形線上的純黑色點。

你與神經學家討論大腦運作時，他們會說，如果不全心投入，這本書對你就不成意義。這是詩人將出乎人意料的字詞組合成句，也是尼采（Friedrich Nietzsche）善用反話，或大衛·福斯特（David Foster）愛用注腳的原因。這些細微之處企圖擾亂你的心智，強迫你閱讀時投入一〇·五瓦的能量。為什麼是一〇·五瓦？數字隨人猜想，但無法預測。它讓你集中精神，如果用記者制式的方式鋪陳，沒有任何吸引你注意力的難忘事實數據，你將不會像現在一般對此如此記憶深刻。

掌握實體書籍有其重要性和令人感動之處：它讓你的五官集中精神。閱讀實體書籍時，翻頁的動作可讓你記下資訊，因為該頁與書中所有其他頁面都息息相關，就像是觸覺型的摺頁地圖。這是電子閱讀器力有未逮之處。日常生活讓我們習慣處理周遭3D世界，而許多電子閱讀器都擁有內建的進度量表，讓你掌握進度，但通常這仍猶顯不足。

這類二維進度量表需要人類敏捷的思維。車上僅配備能顯示只剩半桶油的油表，但不會告訴你用光前可行駛的英里數或加侖數。兩相比較，你手握實體書時，無法忽視它在手中所傳達出的巧妙感覺，及實際了解閱讀進度時的成就感。

閱讀電子書時，我們也失去閱讀實體書時可快速往前或往後翻的方便性。如果我想尋找特定段落，可以手握實體書，一秒鐘就翻完一百頁，即使我擁有速度最快的 iPad，一秒也只能翻十頁。目前最先進的電子閱讀器仍比實體書籍慢上十倍。

顯然，在某些方面實體書仍比數位書優越。人如其食，人也如其書，再真實不過。閱讀行為改變大腦配置，因此它能重新布線。大腦愈能專注閱讀，就愈能享受閱讀，也愈能記住內容。而紙張質感、墨水味、突起的封皮或凹陷的字體、書籍可撕的價格標籤等身體無可否認的感受，都讓你專注於閱讀體驗，並與心理地圖中的下本書加以區別。

但這不意味著電子閱讀毫無優勢，它的其中一項重要優勢是儲存、連結閱讀的書籍。有些人會認真花時間在每本讀過的書上寫筆記，並製作影響他們的書單。數位書籍不僅僅能協助我們維護書單，還可協助我們精益求精。

不僅只是學術上的好奇心驅使人們記錄曾經閱讀的書，某方面來說，這是心智發展的私密日記，讓你隨時回首過往或找回某個構想的源頭。如果正在尋找確定讀過卻怎樣都想不起的書籍時，也可協助你找回對它的記憶；同時，擬妥書單的行為也可確認你閱讀的書籍，並牢牢記在腦中。就像在文字處理軟體中按下儲存鍵，讓你回想起曾經閱讀的書籍，因為你已經把它存到記憶體內。

電子書可自動為所有人擬好清單，不需耗費任何心力。只需要一家如邦諾書店的零售商把這項功能加入Nook，建立所有你曾閱讀過的Nook書籍清單的網站。每回購買新書就會同步新增書單，便能與朋友分享並炫耀曾經讀過的書籍。

但我想數位閱讀的最大福利是打開更暢通的社群連結，改善與他人的接觸。閱讀通常是極度私密的體驗，目前的數位書籍讓讀者利用按鈕和操作桿、切換鈕和鍵盤，省略與他人直接互動，因而擁有更高隱私權。我們將閱讀中的電子書裡面的段落放上推特分享，會比實際通話、討論更輕鬆簡單。某方面來說，數位書籍惡化文化中懶散和自戀的唯我主義。我們將工具視為其他人，以及與真人互動的代理者，沒錯，我覺得不妥。

身為人類，造物者將我們設計成與他人互動，所以手中的工具就會變成一項問題。例如，研究顯示，保持活躍的社交活動對大腦非常重要。二〇〇一年美國神經學院（American Acedemy of Neoroloty）發表的研究指出，健康的生活降低罹患阿茲海默症的機率達三八％。

把降低社交互動品質的罪惡都歸咎於電子書並不公平，生活中的電話和聊天視窗，還有臉書的貼文也必須為此「負責」，但顯然電子閱讀不盡然會讓人養成反社會性格。

然而，未來的閱讀體驗將會改變。你的親朋好友可進入你正在閱讀書籍的世界。數位書籍讓你在此時此刻掌握選擇權，視乎你的心情而定，你可公開閱讀的體驗或保持私密。

稍後我將提供可能性的範例，但我想暫時打住，並和實體書愛好者站在同一陣線，因為，確實沒錯，你是對的。數位書不完全可以和實體書相提並論。

至少現在還不行。

書籤：情書——夾在書頁中的祕密

今天我想走實體書懷舊風，隨意打開幾本書並仔細翻閱。以下是書頁中找到的有趣事物：

- 我第一份工作的稅單和薪資單。

- 一九九三年六月二十六日，我最好的朋友撕下那天日曆一角，在上面寫下：「傑森，快來！」然後遞給我。
- 大學時老爹寄給我的《卡爾文和霍布斯》（*Calvin and Hobbes*）卡通。
- 我在俄亥俄州公寓窗外的梨花瓣。
- 高中時我在電玩遊戲《龍與地下城》的得分紀錄（巫師，第十級）。
- 祖父過世當天收到的傳真。
- 三枚我老媽送我的中國硬幣。
- 前女友給我的情書。
- 蝴蝶翅膀，若非刻意保存，就是不小心被扯下來。

清單長得很。任何認識我的人都知道，我就愛蒐集沒用又感性的小玩意兒。我的皮夾不是因為裝滿現金而塞爆，是因為感性到捨不得丟掉收據和票根。結果是，我的皮夾每個月都會膨脹，得用橡皮筋才能固定。而且我的口袋再也塞不下皮夾，某方面來說，皮夾失去意義。

我有一個習慣，喜歡把收據和信件塞進隨手抓得到的事物，當然書也不例外。我將代表過往輝煌年代的小玩意兒和文件塞進書桌抽屜、紙箱和皮夾裡，當然最棒的是還可以塞到書裡，因為我最不缺的就是書。好似這些書就活生生代表我的個性。或許與多數人比較下，我這麼做有些病態。但是書就像是我的人生驛站，不僅是它們教會我許多道理，而且還反過來擁有我，在書頁中擁有一部分的我。我的書頁就像是時空膠囊一樣，保留了我人生的片段。

雖然是個驚訝發現，但我敢大膽說，任何擁有一定書量的正常人，書頁中一定夾著與我非常類似的物品。我的時空膠囊裝有情書和褪色的傳真，唯有實體書才能辦到。我塞滿傳單和小冊的書籍，及胡亂在明信片上的塗鴉就是我的時空膠囊。它們形塑我的個性、確認我的存在，而且我希望永遠不是依賴乾淨、時尚但沒有靈魂的塑膠裝置。

就此而言，電子書實屬無用。

但現在的我正從實體書邁向電子書之路，也或許我會因禍得福。不論我是否需要存放個人飾品，都可再度善用多出來的空間。或許我該買一台數位掃描機並開始掃描，那就更棒了。如此一來，這些私人物品既能同時存在於硬碟中的電子書，也永遠不會失去我。它將是我三枚中國硬幣和扯裂蝴蝶翅膀的數位神龕。

但我不禁納悶，將這些實體物品數位化是否會失去靈魂的溫度。我們再也無法享受發現時所帶來的驚喜感，也會找不到前後的因果關係。怎麼說？例如，特定情書是否會塞在某本特定的書籍內？我們或許會失去生命中無法言喻的神祕感。你認為呢？我想知道你在家人收藏的書中找到哪些物品。

http://jasonmerkoski.com/eb/7.html

8 為什麼實體書（電子書）永遠無法被取代

我們為什麼閱讀？撇開小學二年級老師不停在我耳旁嘮叨之外，有什麼力量可以驅使我不斷閱讀？

某方面來說，閱讀是一種模稜兩可的活動。但舉例來說，你知道約瑟夫·康拉德（Joseph Conrad）所著《黑暗之心》（*Heart of Darkness*）的主題嗎？你可以用許多方式解讀這本書，但總歸來說沒有一個確切的答案。閱讀是開放式、多面向、九彎十八拐的，又非常容易令人混淆，歸結起來容易讓人發狂。那麼到底閱讀的魅力何在？

某方面來說，閱讀是地位的象徵、模仿先賢精英的方式，他們這群讀者不是平民，擁有真正的力量。毫不意外，大家想要起而效仿。雖然閱讀有其模糊性，但也仍有吸引力，因為就是有用。閱讀仍是我們文化中吸收知識的最佳模式。更省時，而且比討論的功效更快。閱讀通常是孤身奮戰的活動，而且還可排除一切旁騖，不像聊天或看電視，配樂和音效特意操縱情緒，讓人無法專心。

話雖如此，閱讀的吸引力不斷衰退。現在的書本不再像從前是地位的象徵。我們手中的消費性電子產品才是地位的象徵，而非我們可以如何利用它們。人類至少文化上總是追捧多功能的裝置。可上網、玩遊戲的平板電腦；可回答問題的時髦智慧型手機。

如果我們可以用手中的消費性電子產品閱讀電子書，那也算是物盡其用。你從未見過誰打開智慧型手機閱讀電子書而被警察攔下，反而是因為雙手正忙著發簡訊。（雖然如果我是警察，我想我會攔下邊開車邊閱讀的駕駛，給予小小的警告。）我想，對消費性電子產品的欲望逐漸升高、對閱讀的興趣慢慢消逝，昭示著基本的書籍閱讀能力（book literacy）下降。

你或許會主張，至少這些消費性電子產品幫我們更全面廣泛使用網路。但是二〇一一年伊利諾州學術圖書館計畫（Illinois Academic Libraries Project）的人種學研究調查顯示，當今善用網路的大學生使用Google或其他搜尋引擎時所展現的基本研究技巧表現不佳。閱讀和書本閱讀能力也許是學習如何篩選資訊、更有效溝通的必要條件。

我不想在此探究深奧的溝通符號學理論，但多數的相關理論都同意，五花八門的資訊都經過編碼、傳達然後再解碼。例如，作者使用英文，善用適當的詞語，闡述自身構想。然後將構想付梓，讀者逐行閱讀，然後嘗試解碼構想的意義。過程中的每個步驟都有可能出錯，例如作者使用錯誤的詞語編碼語句（拼寫錯誤或不正確的用法），或出版商未能正確印刷語句，或讀者不認識特定的語詞，因此無法解碼語句或錯誤解讀整個語意。

對書本而言，編碼構想比解碼構想更耗時，換言之，要編寫語句比閱讀語句耗時更久。例如，前面這兩句話首先出現在阿布奎基市（Albuquerque）的中國餐廳，並在靠近墨西哥邊界的嗆辣椒餐廳加以改良，一週後在滂沱的暴風雨中重組，四個月後在一架飛機上進行編輯。

寫作是極複雜的創作活動，雖然基本元素相對簡單。英文有二十六個字母，將大、小寫字母加總也只多一倍，再加上少量常用的標點符號。全部加起來不過約莫八十個不同符號，表面看來似乎不是什麼困難事。但光是想到ＤＮＡ，雖然只有四種基本核甘酸，也就是四種符號，就足以編碼這個星球上五花八門的生命種類。我們因此得知，寫作是極複雜的創作活動，在編碼和解碼資訊的過程間有許多出錯的空間。

那麼為什麼我們仍需要書本？

需要大隱於市時，書本是抵禦外在世界的最佳防線，不僅只是偶爾在桌子或椅子需要支撐時才會發揮作用。書本在價格、製作成本和溝通效率間取得微妙平衡。若要錙銖必較，內含較少資訊的來源比書本更為廉價。如宣傳單這種更廉價來源的保存期不如書本長，攤銷長時間的製作成本時，書本很明顯占優勢，更因為單次印刷製作的書本數量較高，成本也相對較低。

目前有許多昂貴的資訊傳授方式，但很少人負擔得起像《贛第德》（*Candide*）中隨侍在側、博學多聞的私人家教；此外，書本也是私人家教的進化版，你可自行調配閱讀、學習速度，快慢隨心所欲。就算是師生比為二十比一的大學授課教室，除非是預錄課程，你無法按下快轉鍵，略過課程緩慢的部分。即使如此，也沒有任何視覺或聽覺上的警示，提醒你是否進行到有趣的部分。但你看書時卻可輕鬆翻閱書本，馬上進行到有趣的部分。

書本是無價之寶。沒有它們，我們只不過是學會戴著昂貴腕表、設計師太陽眼鏡的未進化猴類；有了書本、語言和趣味故事的存在，人類得以進化，維持凌駕所有其他動物之上的秩序；書本賦予我們其他動物仰之彌高的地位；書本自有道德指引，並與我們產生共鳴，程度之高甚至親人、朋友所不能及。我敢肯定你一定有幾本互融一體的珍貴書本，其中一部分展現出自我，雖然有些書磨損嚴重、被長期重度使用，甚至邊緣都已摺捲，我相信它們仍是價值連城。

書本不可或缺，最重要的是，它們不會離家出走。當然，在數位化過程中仍有改善之處。如果我們有辦法重新設計閱讀方式，那將是什麼光景？書本肩負許多重要目的。有時我們為了娛樂而讀、有時為了學習；有時我們是為了脫離現實或是獲得啟發，再不然僅僅是為了打發長途班機上的無聊時光。但如果我必須深究書本最重要的文化目的，我想應該是教學。書本是人類知識的寶庫，即使是浪漫羅曼史或神祕小說也隱含社會習俗、文化刻板觀念、各時代和地方的詳細資訊及作者對世界的看法。書本最主要的文化功用就是教學，其他是這個核心功用有序的陳述和創新。

所以如果書本的核心功用是教學、學習、體驗與享受，最佳設計之道將是善用體驗本身。例如，請回想孩提時代與老爸漫步森林的體驗，他指出各種樹木的名稱；你偷吃灌木叢中的蔓越莓和藍莓時，他告訴你它們如何成長及用途。實際的親身體驗帶來的學習效果比枯燥、讓人厭煩的文字更佳。

或許在發展全像學習的過程中，我們熟知的直線逐行閱讀方式將消逝在歷史洪流中。在此我指的是像《星際爭霸戰》中創新概念的全像甲板。

在節目中，全像甲板是由全像照相（hologram）所產生的空間，有如大型戲院般寬敞，可投射人類、空間和物體，而且可以互動。如果將書本轉換成全像甲板式的體驗，就再也不需要直線逐行並逐頁閱讀文字，而是直接親身體驗。

與其閱讀羅曼史小說中的角色，你可以化身其中，並與其他角色互動。小說可以事先安排並演出，而你身穿劇本服裝時就可以幻化為劇中角色。想像一下，如果你可以在學校模擬第二次世界大戰，而非閱讀一連串枯燥無味的事件和事實，歷史甚至全球道德將會有趣非常。想像一下，如果學生可以親身走在莫比斯帶（Möbius，譯注：數學原理，指只有一面的連續曲面，可從任意點開始連續進行到返回起始點）之上時，學生將對代數或拓撲學產生多大的興趣。

話雖如此，全像甲板式學習受限於科技發展，近期仍無法達成。在可見的未來，電子書的未來將與蘋果iBook商品的進化版非常相近，因為有了表格、3D旋轉影像、嵌入多媒體和多種排版選項，將會非常吸睛。特別是大小如iPad，我認為這將是非常棒的選項，雖然有時候多媒體若追求完美，會讓讀者無法專注文字表達的重點。像PowerPoint簡報就是音效太繁複、影像效果太多。

就某些種類的書籍而言，實驗性的閱讀可能會變成閱讀設計的下一階段，我想，唯有閱讀不再是為了教學目的，傳統直線式逐行閱讀文字才能真正發揮功效。有些想像的殿堂太過脆弱，以致無法從合成樹脂開始打基礎；有些心智幅員太廣，即使擁有任何有形地圖都不足窺知一二，仍必須仰賴讀者本身獨特的個性；有些書必須以原始形式呈現，錦上添花的視覺、聽覺或虛擬細節都成了強加的浪費、多餘的詮釋。創造實驗性的全像甲板式書本模擬，將需要至少一或多人參與詮釋，將劇本局限於只有一種解讀的方式。

這種模擬做法已在電影中實現。現今有許多如《哈姆雷特》（*Hamlet*）的重拍計畫，每個版本都有微妙特殊之處，帶有導演個人主觀的詮釋視角，不僅只體現在風格或選角，有時整個場景都被刪除。單就此點，這種劇場版本已不再忠於原版。了解作者原意的唯一方式就是親身逐行閱讀文字或觀賞多個導演的版本，期許集合眾多導演不同的重拍和細微之處，多少可反應作者的原意。

除了逐行閱讀，沒有其他任何方式可以體驗特定種類的書籍。雖然聽起來有些奇特，但卡夫卡（Franz Kafka）或豪爾・路易斯・波赫士（Jorge Luis Borges）不會向虛擬的幻境低頭，因為他們的傑作更像一首詩。

你無法透過電影或電玩遊戲親身體驗詹姆斯・喬伊斯（James Joyce）的《尤利西斯》（*Ulysses*），而是與這本巨著和平相處，震懾於喬伊斯筆下古老又宏偉的都柏林。矛盾的是，這本意識流巨著只描述一天光景，唯一的閱讀方式卻是窮盡一生理解。

好萊塢沒有一間電腦繪圖工作室得以重現洛夫克萊夫特恐怖小說中的古老怪獸，因為它只存在於讀者的想像中。要具體呈現風雨欲來、言語難以形容的恐懼，則又是另一個境界，顯然與洛夫克萊夫特的境界不同。

當然，電子書或傳統實體書呈現的效果並無二致。這也正是時代巨輪不停轉動，但閱讀活動永遠不會被取代的原因。

§

我們永遠無法確知未來的閱讀是何種光景，但我不會限制自己的想像力。我認為電子書總有一天會進化成有如結合說書人原意的電影或電玩遊戲，會不停淬鍊、深植腦中。我們從作者接收到的情感會如現實一般如假包換。

我們會打從心底感受恐懼和歡欣，將被轉換到完全不同的境界，就像任何絕妙的故事一樣摻雜一半虛幻、一半真實，畢竟精采故事的發展也半真、半虛。我知道這一點不合理，而這正是事情本質。你陷入雲霧，才會發現自己突然陷入無邊的想像和假設中。大腦的顳葉和頂葉自會思量，而大腦的邊緣系統自會投射應有的反應和情感。

我們現今閱讀的書籍都是千辛萬苦寫就，作者異常敏感於韻律和節奏、諧和音和噪音、讓劇情走向高潮和低潮的動作，以及讓學者費心思量的複雜符號。我們閱讀特定書籍是因為了解其中的符號和慣例，就如同作者小心翼翼為我們鋪陳的情節就是我們終須拆解的神祕禮物，這項動作就是閱讀本身。我們從小就被教導符號的本質、拆解符號意義。

隨著時間流逝，我認為終將出現不同形式、更深入人心的書籍。當今的作者撰寫或操縱劇情，但我認為未來將會出現高速插頭，直接深入作者腦中，窺探他的想像力並直接轉換為數位格式；同樣高速的纜線會讓你實實在在感受作者的親身體驗；編碼和解碼將會促進藝術更蓬勃發展，我們會立即變成作者腦中行動和幻想的一部分。

我們將直接透過書中各種編碼和解碼方式無礙接收第一手的人生體驗。就此而言，言語將是最糟糕的媒介、多餘的裝飾物，阻礙在我們與書本之間。言語像緩步猶疑的蛇類，可以傳達豐富的意境和意義，但捕捉時卻又如此難以掌握。

我認為我們將可實際與作者建立現實體驗的橋梁，好比下次貝佐斯站上舞台發表新款Kindle時的緊張期待心理，或極限運動員菲利斯・保加拿（Felix Baumgartner）從翱翔於平流層的熱氣球一躍而下的駭人體驗。

不論書本未來變得黑暗或光明，都將在努力邁向未知的同時與人文精神亦步亦趨。雖然如今美國人的休閒時光中，書本所占比重遠不如電玩遊戲、電影和電視節目，一般人每天花兩小時看電視，是閱讀時間的二十倍。閱讀這門藝術雖然日益質變，但終將持續發揚光大。實體書會被電子書取代，電子書則被其他有如科幻情節的創新取代，但閱讀在某方面仍持續不墜。

雖然美國人平均一天只閱讀七分鐘，而且還不斷縮短，我認了。本人將非常樂意用鮮血換求一本絕妙好書。

書籤：索引

索引是書籍不可或缺的一部分，這正是電子書最大的弱點。教科書和知識書通常在書尾有一個獨立章節，讓熟悉內容的個人搜羅書中主題，並建立包含頁次的特定主題索引。最有效的索引是手工製作，有時與書本章節同樣綿綿不絕。

我最愛的知識書之一《仙那度之路》索引部分就非常絕妙，列出冰山和水蛇、鴉片菸和鱷魚洞及綠色閃電和月亮角等主題，無所不包，從培根和香豆到惡魔到忽必烈的宮殿、泥魚到冰園之光，再從新柏拉圖主義（Neoplatonism）到地震產生的地鳴。

目前的電子書索引完全忽略這等重要的智慧。誠然，許多電子書的封底都虛應故事般包含索引，但卻鮮少整合電子書的內容，通常也沒有讓讀者可直接讀取特定主題的超連結。電子書索引通常只列出頁次，但這太不合理，因為許多電子閱讀器根本不會顯示頁次！這實在是太沒道理了，當你想搜尋電子書的某個詞語時，你的Kindle或Nook應可善用索引，找到你想搜尋的主題。索引不僅是如現在的電子書讀者進行搜尋一樣，只找出現在文字中的詞語，它們應善用索引中的詞語，讓這些結果的排名更高。

我相信，具有創新精神的初創業者未來製作索引時，將會改良這些功能。某些像旅遊書一類的內容更適合製作索引。我們很難為功能不彰的索引感到不快，更會感慨Excel工作表的問題，但電子書的索引與實體書一樣重要，不同的是，數位索引將受益於創新。

畢竟，我們不難想像一套群眾外包製作索引的計畫，這種索引將變成一道共同體驗、一種建立社群的方式。我們在維基百科或特定維基網站可以看到類似由下至上的資訊編輯方式，粉絲可以隨心所欲編輯內容，讓未來的粉絲們繼續傳承。電視影集《星際爭霸戰》、《超時空博士》（*Doctor Who*）及《星際大爭霸》的維基網頁不厭其煩條列索引，介紹新角色第一次出現或固定班底不再出現的資訊。電子書也可輕鬆達成同樣的目標，只要電子閱讀平台可更開放並允許群眾協同合作。

話雖如此，我對於這種索引能否流暢、完美，與此章所提全像甲板式體驗的書籍整合，同感不確定。之前，我思考哪些書本可以（或不可以）讓人有更身臨其境的實驗性體驗。如前所述，我偏愛波赫士和柯立芝的著作，而且不認為它們可完美無瑕地轉換成豐富的多媒體體驗。你的想法呢？你是否擁有任何妙不可言的書本、莫測高深的戲劇或不折不扣的邪惡短篇小說，可當成寫作的絕佳範例，卻無法轉換為身歷其境的體驗，希望推薦給線上網友？

http://jasonmerkoski.com/eb/8.html

9 終於點燃讀者熱情！

讀者將如何與其他讀者互動？如何與作者互動？還要多久，讀者間、讀者與作者間直接的互動才會變為可能？

互動有很多形式。例如，我姑姑寄給老爸一箱非常神祕的書，都是她自己讀過，所以希望與老爹分享；我的麻吉好友會將有聲書燒成ＣＤ然後寄給我；我的女友在我們初次約會時就借我一本她最愛的書，只為了測試我是否喜愛這本書，還用它來評量我的個性。分享愛書的行為就像撫觸，是親密的連結，或許還更親密。

你也可以分享數位書，但是感覺就不像是親手把最喜愛的平裝書分享給親密伴侶那般溫暖熱情。你無法與朋友或愛人為同一本書產生共鳴，並討論書裡的摺頁內容。

現在借閱數位書籍速度很快，但也失去靈魂的溫度。至少有兩家零售商提供這種功能。邦諾是第一家供應商，證明它了解不同讀者喜愛同樣書籍，因而產生共鳴。畢竟是邦諾，可以強力拉近讀者之間的距離，還讓讀者窩在舒服的大椅上閱讀，而且會主持讀書會，集結熱愛文字、心靈相通的讀者。

書本的數位體驗仍有長路要走，現在的體驗仍稍嫌陽春。你會收到亞馬遜和邦諾的制式電子郵件，等進入無線網路的收訊範圍時，書籍就會很神奇地出現在你的裝置中。數位書籍名副其實地簡潔乾淨，就像是科技人士而非人文主義者設計的產物。但重要的是，這是可行的方式，你不用再擔心朋友拖欠借書好幾年都不還。

我剛與女友約會時，她借我自己最鍾愛的一本小說。糟的是，我閱讀時不小心撕毀封面。這段小插曲差點立即終結我們的關係！如果是電子書就不用擔心，也不用怕毀損書籍。電子書像是有去有回的迴力飛鏢，兩週後就會重回你的懷抱。電子書不但救了我一命，也挽救了我們的戀愛。

電子書的分享需要更具私密性，就像和朋友同坐咖啡廳或某人的客廳一樣。我們若想分享電子書，必須大突破、大創新，打破Kindle和iPad設置的玻璃障礙、粉碎分隔讀者的那道高牆。必須讓讀者有臨場感。或許影像視窗是不錯的想法，讓所有讀者聚集在同一個空間分享經驗。與他人的共鳴就是我們與親密朋友分享一本書時真正追求的目標。我們特派作者成為使者，期望透過作者的文字，建立人與人間的橋梁。

就特定程度而言，我們必須結合書籍分享和書蟲俱樂部的功能。

電子書最大的潛力是，不僅讓你有機會與實體距離最短的鄰居分享、討論特定書籍，也有機會和遙遠城市或其他國度的同好者分享、討論。你們有機會討論書本內容，透過iPad的攝影機與他們面對面。你也有機會成為社群網路的一分子，而這種社群網路是因為受到書本啟發而應運而生。

或許有一天亞馬遜或蘋果會收購社群網路併入網路內，為每本書建立獨立「頻道」。這種方式將會直接就閱讀體驗建立起討論的管道；也或許會由每本書的狂熱粉絲管理這些頻道。會員將貢獻討論的主題，作者可能有機會參與討論，並與同好者自成一國，在問答時間回答讀者的問題。

當然，每個社群網路仍免不了被那些數位蟑螂騷擾，它們發出廣告和垃圾郵件，不時會跳出眼前。

零售商和出版商目前正透過書籍分享、書蟲俱樂部建立書籍社群網路的功能。社群網路可以傳播並蔓延內容至讀者端，零售商將因此受惠。當然它們也可以屆就現有功能，將數位書本中的片段放上臉書或推特，但不需多久，大家會開始與其他讀者或作者討論書中內容。

我知道至少有兩家出版商讓早期加入的讀者有機會在書本的編輯階段直接參與貢獻。讀者可以留言，陳述哪些頁面非常精采、哪些頁面有問題。如果作者接納讀者的意見，將納入下一版本。當製作作者手稿時，這是非常實用、有效的程序，因為跳脫出版商的編輯程序，聽聽來自真實世界的聲音。

讓早期加入的參與者與書本互動、與作者（和出版商）互動，可提高書本品質，並直接命中讀者心中的嚮往，符合他們的期待。同理，讀者也獲益匪淺。在我所知道的社群網站中，直接參與編輯的使用者時常可拿到購書折扣價。作者和讀者都有足夠誘因願意開始互動，唯一的缺憾是，這種做法仍不夠廣泛，仍尚未正式建立在電子書零售商平台。你必須是死忠粉絲，而且還要登錄在出版商的網站上。

但我相信時間會改善這些問題。尤其是知識書類，作者和讀者可重新潤飾內容、釐清特定主題，並納入讀者希望學習的主題。作者和讀者將需花費更多時間合作並交流。

但我懷疑「作家身分」（authorship）的概念將日益模糊，最終可能消失，因為書本將會改由讀者定義。至少就特定類型的內容而言，作者充其量是備受禮遇的讀者。作者可形塑素材，卻時常必須仰賴與其他專業讀者對話，以找出事實，詳細闡述重點或填補不足的部分。

我們將開始看到作者和閱聽群眾透過數位方式互動，進而寫就並多次改寫書籍——激盪出新局面、新轉折或新角色。這是實體書難以企及的目標。無庸置疑，你可更新附錄、新增章節，然後另外發行新版實體書，但如此一來就必須時常開啟新討論，而非延續舊話題。

數位書籍將成為擁有社群支持的聊天室，看似線上電玩遊戲的社群，但讀者遍布全球。他們戴著耳機即時在線上與其他讀者聊天，同時熱烈參與討論或重演劇情。作者的角色將是導演和指揮家，閱聽大眾則是音樂家。實際上將會是讀者寫出多數內容。作者可以採取Xbox遊戲設計師所使用的方式，讓所有遊戲玩家操控、使用遊戲場和核心圖片，選擇場景並形塑對白。

§

這是書本面世以來最有趣的時代，許多前所未有的構想冒出頭，有機會生根、茁壯。在零售商小心呵護、出版商悉心引導下，許多種籽將會發芽成長，但明顯地，許多種籽會得到他人滋養，就像初創企業將會彌補出版商和零售商提供電子閱讀服務不足之處。

我也可預見我們的閱讀習慣將完全改觀。許多功能都與社群有關，說白了，我們是屬於群聚部落的社會性動物。這個部落可以是家庭、學校或職場，或是克拉哈里沙漠（Kalahari）中的布希曼部族（!Kung）。我們天生是社會型動物。當今，閱讀是一種孤軍奮戰的活動、是一個人與一本書間孤立的交流和互動。閱讀的體驗與我們先天的社交傾向互補。那麼，有什麼比結合社群網路更好的方式，來升級閱讀體驗？

無需想像力就可了解，人們為什麼想要逐字逐段討論書中情節，形塑特定領域的專業。箇中原因與艾德蒙・希拉蕊（Edmund Hillary）攀登聖母峰如出一轍：因為巍然聳立，所以勇敢挑戰。比方說，某個人可以成為這句話在意義上的細微差別的專家。

讀者會鑽研書中的特定段落或句子，並視為自己的作品，當對手的解讀不同時，就會起身對抗。我曾親見人們隨意聊天然後展開討論，焦點不是整本書，而是特定章節或特定的部分。

同時，你閱讀的當下也會知道誰正在閱讀同一本書、來自何處，以及他們使用哪一款電子閱讀器。你可能決定與他們聯絡，並討論此本書或特定段落。書籍本身可能會提示你一些開場問題，或是與問題相關的對話式主題，就像在書蟲俱樂部討論問題。書蟲聊天可以公開也可以保密。

如果是公開聊天，會以數位格式呈現，如此一來，他人也可存取手稿。如果如此，書本將持續尤太教塔木德式（Talmudic）評述的傳統，而且會就評述再評述。這項傳統始於西元二〇〇年至五〇〇年間的尤太學者，至今持續不墜。故事情節與評述相互交織的書，作用就如同市政廳，讀者群聚於此並互相交流，而且談話內容會持續保留，讓後輩也有機會瀏覽，讓數個月甚或數年後才發現的讀者也能獲益匪淺。

聊天可能始於文字，雖然你不難想像，讀者們會利用影像、音訊開始面對面交談。我也可以想像，作者、記者和採訪者會就各種不同書籍的特定頁面展開訪問，讓訪問本身變為閱讀體驗的一部分。「我們在談論未來的那章碰面，」我會這樣對記者說，因為我確實會在該頁與他們開始討論。書本將變成群聚讀者和作者的歸屬之處。

即使在閱讀完畢後，讀者和作者間仍會持續交流。有些讀者備受禮遇，因為他們本身若非作者就是在文化上有影響力的人。通常在書皮封底或書本前幾頁出現讀者所寫的評論，可當作對其他讀者的見證。

這屬於數位空間中的古老概念，會在下載Kindle電子書時就自動導引你前往見證部分。你將會被帶往序言或第一章。這些見證可能藏於內容中，但只有少數讀者會真正留意。書籍評論唯一可以容身的最佳之處很可能是如《洛杉磯時報》（*Los Angeles Times*）或《紐約書評》（*The New York Review of Books*）等傳統大報版面，這些期刊也正快速數位化，讓讀者更難以發現這些評論和見證，因為這些期刊也嘗試利用彈出式廣告和臉書遊戲吸引讀者注意。

矛盾的是，書籍品味的評斷者很可能不再是專業書評者，而是讀者本身。亞馬遜是書評始作俑者，此一趨勢還將繼續延燒，讓大家都可貢獻特定書籍的評論，你想寫多長或多短都可以。這種民主模式是一種明智的規範，可能是更確切的規範，無疑會比那些精明的受雇書評人更公平。亞馬遜已完成了不起的工作，蘋果、Google和所有其他競爭者想迎頭趕上仍有長路要走。即使你選擇遷就iPad的閱讀樂趣，因而購買蘋果的付費內容，但你仍時常發現自己會瀏覽亞馬遜的網站，先了解某本書的書評。

有趣的是，一些亞馬遜評論比產品本身更優越，不僅是這些評論具有娛樂性，同時也有社群性。現在我腦袋中想的是Denon AKDL1專用連接線、「三狼之月」T恤或托斯卡納全脂牛奶，這三種商品都可在亞馬遜網站中找到。我可以鎮日津津有味閱讀這些評論，笑到我屁滾尿流。評論一開始很可能是針對特殊產品或不可思議的高價Denon立體聲連接線產品，零售價為九百九十九美元，而一加侖的托斯卡納牛奶賣四十五美元。

那些時髦的追隨者開始撰寫評論、嘲弄販售的產品，編造各種虛構理由試圖合理化產品如此昂貴的原因，結果是出現一些寫得像是賣高價酒，卻讓人捧腹的牛奶評論（「最好配澳洲堅果食用」）。而就如那些評論寫：「Denon連接線與光速相比，可更快速從音響傳輸音樂，很遺憾唯一的副作用是會請進魔鬼軍團大方入住。」

而「三狼之月」T恤既感傷又無心插柳的設計令人捧腹，在上百則不相關的潮牌產品評論的加持下，變成亞馬遜線上服裝店的熱銷產品，銷售量一路長紅。事實上，我覺得亞馬遜應該考慮出版一本評論最佳發燒貨與掉漆貨的書！

數位空間開始轉換作者與讀者之間的互動，這種過程將只會沿著我所敘述的方向前進。要多久才會在亞馬遜的產品評論網站上看到一系列評論所集結成的書？還要多久才會看到一本只在臉書上出版的小說，內容是一連串的貼文組成，而且編輯進度飛快？

書信體小說曾經非常熱門，這類小說也就是依據交換的信件所編製的小說，但我認為我們將看到更多社群力量（和活動）創造的小說。日本已經出現這樣的案例，其中第一本由簡訊組成的手機小說已於二〇〇三年開始販售。這本小說非常熱門，催生出一家實體書、漫畫、電視節目和電影公司；在南非有一支手機應用程式，讓你可以撰寫並接收簡訊體小說。

在手機小說裡，你會直接收到來自作者的簡訊。如果你的手機簡訊資費方案可吃到飽，我無條件建議你開始嘗試這種書籍，只需在網路上搜尋「手機小說」並尋找一本有趣的書！這些書籍結構鬆散但具備崇高的文體，就像朋友送來的簡訊。而且沒錯，這樣的小說也不乏張力、爾虞我詐的情節。你可能會對某些書籍的作者有所回應，澄清劇情中不清楚之處或改變情節。

有史以來第一次，作者和讀者可與對方直接對話。閱讀曾經一直是孤獨的追求，即使是書蟲俱樂部也僅屬於小眾市場。但如今，書籍的討論可以龐大到跨國界。讀者擠進聊天室、臉書或推特參與線上聊天的人數不受限制。好不容易，電子書終於點燃作者和讀者間討論的火花。

如果這還不能稱為互動，什麼才是呢？

書籤：簽名書

對我個人而言，我覺得簽名書非常有趣。我認為他們就像來自一八〇〇年代晚期的電話卡、來自更溫文爾雅的年代。話說如此，我自己也收藏幾本簽名書，而我並非孤芳自賞，許多粉絲和書迷不會只因為簽名書更有價值，也是因為這樣的書會建立起作者與讀者之間的關係，而蒐集作者的自傳。這樣的書讓你更貼近作品，即使你並非書中的角色。

有一天人們會以鄉野怪談的方式討論實體書，他們會說：「你知道，大家曾經面對面與作者見面，把書遞給作者，並讓他親手在書上簽名！是用墨水喔！」令人悲傷的是，在電子書世界中，簽名書沒有什麼存在的道理。你可在Kindle的背面簽名，但是只消蒐集兩、三個簽名，空間就滿了。當然如果你使用平板電腦，可以容納更多簽名。此外還有一點，簽名很快就會暈開。

發明者會以魯布・哥德堡機器（Rube Goldberg）那種極複雜的方式，讓數位世界實現簽名的做法，這其中牽涉到Wi-Fi和記憶卡，還有數位相機及自訂軟體等。但是不管如何，都無法像實體書一樣讓你感受到簽名的巧妙之處、質感及作者筆跡的個性。

當然，你可以在電子閱讀器上擁有這樣的功能，作者可能邊簽名邊說：「親愛的瑪莉，你今天看起來真美，感謝惠顧。祝好。馬克・吐溫（Mark Twain）敬上。」或甚至如嵌入影片，展示出你與作者站立的合影，iPad背面的相機正好用來捕捉影像並整合到書中。這是將古老的概念從古代帶進現代，並用未來方式包裝。我認為，與其嘗試用複雜的系統模擬簽名，不如創造只能以數位方式存在的簽名。

我起而行動，發明一種專屬的系統，可將簽名融入書中。如果你還未透過每一章節尾處的連結登錄，請即刻點選，取得你專屬的簽名書封。登錄不僅可在臉書動態時報或推特上獲得個性化的簽名，還有許多意外的驚喜。

在理想狀態下，這種發明應直接建立在Kindle或Nook執行的軟體之上。你不需要點選網站，因為索取簽名的動作完全自動內建在你的電子閱讀器內。或許有一天簽名會直接永久嵌入書中。你將有機會購買特別的簽名版，是你鍾愛的作者專門為你提供的版本。未來幾年請密切留意相關發展，因為我相信科技總有一天會迎頭趕上創新的腳步。

那麼，你的想法如何？你是否曾嘗試在Kindle或Nook獲得簽名？你是否也蒐集一系列的簽名書，所以對數位書籍裹足不前？簽名書是否真的值得收藏，或理應當作後見之明被丟棄到數位垃圾桶中？按一下此連結，獲得你的專屬簽名並加入討論！

http://jasonmerkoski.com/eb/9.html

10 蠟製滾筒與技術過時

我穿上白衣、戴上白手套，置身悄然無聲的房間裡，兩位同樣穿戴白衣、白手套的男人看著我。他們示意我坐下來，自己則分坐在我兩旁，把我夾在中間。我未經允許完全無法移動，但我也完全不想動，說這裡是監獄雖不為過，但非也，此地正是我一心嚮往的所在之處。

這個房間很像警局審問室，四方無長物卻瀰漫濃濃的肅穆氛圍；這個房間靜默到好似一縷灰塵，或是一根髮絲落下都會嚇死人。但這裡並不是位於庫比蒂諾的Lab126，也不是蘋果公司白色弧形長廊裡的任何一處。都不是。這裡是美國加州大學聖塔芭芭拉分校（University of California, Santa Barbara）的特藏部門，我特來造訪是為了一窺我們的未來世界。在這間圖書館裡，一項龐大的數位計畫已然展開：數位處理超過八千個十九世紀末至二十世紀初的蠟製滾筒原件。這些紀錄包括威廉・豪沃・塔夫脫（William Howard Taft）以及老羅斯福總統（Teddy Roosevelt）、蘇沙（Sousa）進行曲集原音，以及由大創造者（The

Great Creatore，譯注：原名Giuseppe C. Creatore，譯為裘塞貝・克雷托，但Creatore是義大利文中的創造者，所以他在美國走紅後，大家都叫他The Great Creatore）演唱的歌劇詠嘆調。然而，這些圓筒都是一百多年前由蠟及木頭做成的，十分脆弱，而且很容易就解體了。

一位館員拿了一個原始蠟製滾筒讓我瞧了一下，接著他把這個圓筒放進一台留聲機裡，喇叭便開始傳出嘶啞的聲響。樂曲靠靜電發出聲音，樂音隨著蠟製滾筒上下移動而高低起伏，幾乎就像你正在聆聽著海濤，只不過背景會傳來一個男人的聲音，他彷彿跌入了歷史大海、從海洋深處呼求救援及認可。

史上第一台電子閱讀器與留聲機的蠟製滾筒高度相似。

當蠟製滾筒首度問世時，人們都覺得它很神奇，好比一八九〇年代的iPod，讓你可以隨時想聽音樂就聽音樂，這可是前人求之不得的玩意兒（除了那些富商巨賈，有錢到養得起一支屬於自己的弦樂團，隨時隨地可以在自家豪宅或美廈來上一曲）。但是，當我們現在回首看這些蠟製滾筒，它們看起來就像是尚未開化。

電子閱讀器與蠟製滾筒如出一轍，雖然它揭竿電子書革命、令人稱奇，但也同樣原始。例如，當你聽著老舊的蠟製滾筒傳出聲音，通常會是一名播音員念出下一首曲名，但音量之大幾乎是用最大的肺活量吼出來，一八九〇年代的錄音技術相當拙劣，因此必須放聲大喊才能夠被收錄進去。第一台電子閱讀器也是半斤八兩，看不見字型變化、粗體字或斜體字，當你想強調某些內容的時候，每一個字母都得大寫。

原始Kindle同樣這麼陽春，只能顯示黑白兩色，字型只有一種，而且一律是六級字，索尼的原始版本電子閱讀器就像是毫無印刷技術可言，如果你有機會要在實體書或從電子閱讀器印出來的紙本文稿當中擇一，只有頭殼燒壞的人才會選擇排版過於精簡、單調的後者。再怎麼了不起，字體也只有三種表現形式：一般、粗體和斜體。圖片效果差強人意，就算是索尼的閱讀器也一樣。

早期的實體印刷書也同樣乏味。假如你有幸能在博物館親眼目睹古騰堡所印《聖經》的任何一章，它的插圖及每段文字開頭的大寫字母會讓你嘖嘖稱奇，因為有著飽滿色澤及超乎想像的文體裝飾。但這一切並非古騰堡隻手辦到，原始的《聖經》版本其實只是簡單的文字排列，那些帶有亮麗色彩的字母及每章的標題，都是後來買下這些《聖經》的藝術贊助商另外請人加工處理的成果。他們聘請藝術家畫上這些裝飾，就像我們請刺青師傅在我們身上作畫一樣。

新科技起步總是不成熟，但早期採用者會竭盡所能學著適應，戮力改善不足之處。當新科技漸趨成熟，早期產品便開始凋零。留聲機蠟製滾筒現在已是脆弱不堪、隨時會解體。每年有數百個錄音蠟製滾筒變得愈來愈易碎，不是無法再播放就是會產生醋酸症候群（vinegar syndrome），慢慢化為液體。二十世紀前出產的蠟製滾筒被保存的數量不到五%。

一百年後，你看到實體書的機會就和蠟製滾筒一般，也就是：極少。如今，想找到一個蠟製滾筒已難如登天，即使骨董店亦然。實體書終將凋零，這個結果從本質來看並不必然是壞事。舉個類似的例子，儘管馬車曾經是最受歡迎的交通工具，如今已被貶為舊農場上的裝飾品。如果有一天懸浮車問世，你同樣將會見到，福特野馬（Ford Mustangs）及豐田（Toyota）卡車被棄置農場邊上，任其風吹雨打、生鏽腐蝕。科技自有典範轉移之道，我們人類則是懂得適應的物種。這是我們的天賦：變通求生存。

這趟蠟製滾筒圖書館之旅擾亂我的心神，雖然現在每年出產數百萬台Kindle及iPad，當中有多少台在一百年後還能留存下來，持續顯示電子書內容並播放ＭＰ３檔案？我知道有些公司設有儲藏室，專門蒐集舊型ＭＰ３播放器及電子閱讀器，我曾經入室參觀，而且有機會親手觸碰一九九〇年代出產的第一批ＭＰ３播放器，它們安全鎖在玻璃櫃內。

我也曾踏入位於舊金山的私人電子遊戲博物館，並且有機會玩一場第一代電子遊戲《乓》（*Pong*）、第一代雅達利（Atari）及第一代家用遊戲機奧德賽（Magnavox Odyssey）。這些可不是你阿姨家珍品櫃裡的骨董鹽罐或銀湯匙，只是發明至今不過十年，了不起二十年，但早已是廢物的科技產品。

在電影《回到未來》（*Back to the Future*）續集中，有一幕場景是，一家骨董店的櫥窗上出現一幅預知未來的影像，當中有一台放在陳列架上的蘋果麥金塔電腦（Macintosh）。對一九八九年進電影院看片的觀眾而言，若說這項熱門的科技產品終將成為骨董，他們只會嗤之以鼻，但這凸顯出一道關於持久性的重大議題。

你現在還是可以找到早年小城鎮用來印製報紙的萊諾牌鑄排印刷機（Linotype machines），即使歷經百年，至今多半運作如常。機器不內含系統軟體，也沒有易碎的矽組件。電腦相比之下不易保存，必須倚靠容易隨著時間毀損的電磁性記憶體，而且供給修補的零件數量十分有限。例如，一九六六年的月球軌道太空船為了協助阿波羅號（Apollo）找出最佳降落點，進行一項月球表面模擬計畫，一等任務完成，儲存這些資料的磁帶便被束之高閣。

四十年後，科學家發現這些資料對於未來探勘月球的任務十分有用，但也同時發現，幾乎不可能重建播放磁帶的設備。他們花了數年遍尋美國國家航空暨太空總署（NASA）、噴射推進實驗室（Jet Propulsion Lab）的倉庫後，終於找到四台極罕見的磁帶播放器。科學家們來回檢視這四台播放器，終於湊到一半所需的零件；然後又聯繫上一些已退休的前月球計畫包商總裁，因而再取得一部分零件；最後還找到一本相當珍貴的使用手冊，原被擱置在其中一位總裁家的車庫裡。

但其實他們最缺乏的是一九六〇年代的思維模式，也就是處於月球軌道計畫時期人們的思考模式；他們缺乏的是一九六〇年代工程師的隱含假設，這些假設從未能被寫在維修手冊裡；他們也不明白當時工作人員如何把資料編碼在磁帶上。當初那個年代相對簡單，但四十多年來資訊科技已日趨成熟，要求套用當年工程師的思考模式幾乎不可能。

這則故事有一個圓滿結局，他們租下一間廢棄的麥當勞門市，然後搭建維修站，像解讀楔形文字般展開解碼陳舊磁帶的大工程。因此，今日我們便擁有一九六六年即建構出來的珍貴月球數位影像。

對於軟體業來說，這一則故事卻令人益發心灰意冷，硬體、磁帶及蠟製滾筒至少還有形體足供觀察、研究，無形的位元讓你完全無從下手。

位於麻薩諸塞州水城的東門系統（Eastgate Systems）似乎是碩果僅存的公司，專門維護一九八〇年代晚期至一九九〇年代早期所建構的古早電腦超文件（hypertext）。網路問世前，這些超文件就像是優秀的數位藝術，包含文字、圖像及聲音，而且通常是非線性排列。閱讀這些超文件就像是體會生命一般，一旦你做出一個選擇，將必須面對更多選擇，而且永遠回不了頭。這是《暴雨殺機》（*Heavy Rain*）及《極限逃脫九九九》（*Nine Hours, Nine Persons, Nine Doors*）等現代電子遊戲重新發現的一種設計技巧。

這種超文件的高峰期是一項名為「巴迪叔叔的幽靈樂園」（Uncle Buddy's Phantom Funhouse）的大計畫，意圖滙集數個磁碟中刻意設計成讓電腦當機的程式。它的設計初衷是要讓你注意這個與你互動的平台。很像是你看到這頁文字變成電子墨水磷光體，之後便會消失；或像是看一本只能一路翻頁的書，你在翻下一頁時，前一頁便銷毀了。

遺憾地，儘管有可能買下巴迪叔叔的幽靈樂園，想要讀懂它卻是不可能的任務，因為你需要一台一九九〇年左右出產的麥金塔電腦，以及名為超級卡（HyperCard）的程式，但它已經停用。東門系統也許能讓這些已被網路奪去光彩的早期超文件重新放上iPad也未可知，但可確定的，軟體的下場一般比不上硬體。

在我們的文化裡，任何型態的媒體下場一貫慘烈無比。

書籤：二手書

現今的二手書市場十分巨大，最近《出版者週刊》（*Publisher's Weekly*）有一篇文章指出，高達十億美元。因為這個市場如此龐大，我們這些讀者便得以購買二手書，或是在圖書館裡讀到這些捐贈的二手書。

但是至今尚無二手電子書這種東西。

每一筆交易就是一次紀錄，數位版權管理確保你買的每一本書只有自己的裝置可讀取。當然，盜版電子書的確存在於黑市般的網外世界。我做過一場實驗，在許多點對點網站上查詢當週《紐約時報》（*The New York Times*）暢銷書的電子書版本，結果發現，所有暢銷書都被盜版了，全由那些熱中閱讀的科技高手匿名貢獻。儘管他們是盜徒，但千萬別懷疑他們也愛書。

但是，當前的科技並不足以支援合法的二手電子書市場，然而未來終將會有，我預測將由邦諾書店這類公司首開先河，允許其他網站轉售旗下的電子書。也就是說，第三方公司直接向邦諾買下這些電子書，轉手賣給你——也許是折扣價。這種經銷模式並無任何可議之處，而且在實體世界稀鬆平常。我認為將這種經銷模式運用在數位商品上，將可造就一個蓬勃發展的二手電子書市場。

也許是在新書問世後的一、兩年間就會成為二手電子書上市，這時就可以少花點錢。

或者會有個國家將率先准許二手電子書合法交易，因此你將登錄一個類似合法經營線上博弈遊戲的海外網站，它們的總部多半位於百慕達群島或是特克凱可群島（Turks and Caicos），提供買、賣雙方一個交易平台，然後抽取每筆成交金額的一小部分當佣金。許多這類網站都是一人公司，老闆光是躺在百慕達群島的海灘椅上啜飲雞尾酒，在近郊庫房中嗡嗡作響的伺服器就一邊大吸金、一邊儲存所有數位資料。

我覺得如果我們有個二手電子書市場會是一件好事。目前有跡象顯示，不久的將來即會成真：二〇一三年，亞馬遜申請一項二手電子商品的販售專利，其中包含電子書。將二手電子書納入廣義的二手書範疇對讀者有利，因為他們可以用更低廉的價格買到更多書，因此就覺得這是划算的交易；對作者也有好處，因為二手書流通，他的想法及故事將可流傳更久遠。一本書被閱讀過後，將可從Kindle及Nook被解放出來歸屬下一位買主。

二手書的缺點在於可能變相鼓勵盜版，這也是許多出版商及通路商反對二手書的原因。實體書也有被盜版的風險，只是不那麼猖獗。假如你有一本書被偷了，有可能會被賣給一家二手書店，它有可能再把這本書賣掉。但偷書賊真的不多，經手轉賣的贓書被逮到是偷來的機率更是微乎其微。不過還真的發生過。二〇一〇年，位於華盛頓特區的福爾傑莎士比亞圖書館（Folger Library）就逮過一名偷書賊，十年前他在英國偷了第一版的莎士比亞劇本合集。儘管這個竊賊將內頁撕毀，還把書弄得殘缺不全，它仍然被認出來了。

抓電子書竊賊可就更難了。電子書並沒有精良的浮水印，也沒有其他可供辨識的機制，每一本電子書看起來都大同小異，這就說明了，找出方法辨識一本二手電子書是合法或非法取得，甚至是經過多手非法拷貝的版本，簡直難如登天。

事實上，因為尚無精準辨識合法與非法電子書的方法，大家普遍認為，任何一本非經由大型經銷商出售的電子書都是盜版。不幸地，這項觀點讓二手電子書蒙上一層陰影。此時此刻，除非有方法能證明二手電子書是合法之身，否則就會一直被認定不合法。

我個人認為，二手電子書有存在必要，但你的觀點為何呢？你會買二手電子書嗎？或是跟朋友交換？你會想捐贈一些電子書給圖書館嗎？還是說你認為電子書的售價其實已經很合理，因此低價再賣恐怕會影響作家及出版商的生計？

http://jasonmerkoski.com/eb/10.html

11 煽動革命火焰

邦諾書店及蘋果等實體通路商紛紛踏入電子書市場，為亞馬遜製造日益激烈的競爭。但對亞馬遜來說，更重要也更正面的影響是：它們的成功正象徵著電子書市場已從創新階段邁向火力全開的革命階段。

電子書革命的本質大部分是科技變革，最適合用來評量電子書發展的觀點就是創新擴散理論。

埃弗雷特．羅吉斯（Everett Rogers）在他所撰寫的《創新的擴散》（*The Diffusion of Innovations*）一書中指出，一項創新技術在普及之前會經歷五個階段，可視為了解消費者看待汽車、手機或電腦等任何新創產品的好方法。每一個階段都涵蓋一群社會上的接納者。

就統計觀點而言，前二．五％的新科技接納族群會被視為創新者；接下來的一三．五％族群為早期採用者；再來的三四％族群為早期追隨者；這三個族群加起來約當總數的一半；剩餘的兩個族群分別為三四％的晚期追隨者、一六％的落後者。

這五種族群的命名正點出個別特色，但粗略歸納便可發現，你愈年輕、富有，就愈會落在創新者這一群；愈趨向風險規避、傳統，就愈會落在落後者這一群。你的社會地位、教育程度也依循同樣的分級方式。

採用創新擴散理論研究的每一項發明，在在都與上述各項因素息息相關。事實上，創新者與早期採用者早已不再是唯一高談闊論創新擴散理論的族群，這套理論經常被那些必須構思新概念、新商品的行銷人士及產品經理掛在嘴邊。對他們來說，我們這些消費者是否了解這套理論並不重要，它已與報酬遞減法則及八〇／二〇法則地位相當。

以下我列舉幾個創新擴散理論的例子。冰箱問世之後，花了八十三年——直到一九四〇年——才攻下逾半美國家庭；沖水馬桶在冰箱之後問世，只用了四十三年便已普及到早期追隨者，對於更晚期的創新商品，擴散加速化更為顯著：家用電力只花了二十二年便取得逾半美國家庭市場，廣播是十九年、電視為十五年、網路僅十年。

隨著我們愈來愈現代化，創新擴散的速度隨之加快。你不需只聽信我的片面之詞，任何一項關於創新擴散理論的研究都與我的論點相似。也許這種加速度是導自創新的爆炸性發展，而非再被集結用來產生更新的創新。一旦你跟不上，這種加速度有時就會令人感到無所適從。至今我的祖母仍然拒絕使用電子郵件，總是堅持用傳真表達重要訊息。

電子書約莫會何時攻占早期追隨者呢？保守預估需要十年（這是借鏡網路普及至早期追隨者所需的時程），以索尼首度在美國發表第一代電子書來算，二〇一六年應可達標。我不是保守主義者，而且參考了不少創新商品的擴散率，我個人揣測應能更早達標；不過，即使是保守主義派看對了，二〇一六年時將有半數的閱讀人口會擁有一台電子閱讀器，而且很有可能會提早一年發生。

到了早期追隨者階段，擴散率就越過甜蜜點（sweet spot）的基本門檻，從此年年都會看到最堅實的成長。我手上的數據指出，至少就美國的閱讀群眾而言，這就是我們所處的階段。二〇一二年，辛巴資訊（Simba Information）發表一份報告指出，二四・五％美國成人自認為是電子書讀者；同年，皮尤網路（Pew Internet）研究表示，三三％美國人擁有一台電子閱讀器或是平板電腦。當電子書的先鋒讀者部隊開始帶著電子閱讀器上捷運、逛大街，擴散率的高峰期已然到來，因為大眾看到引領潮流的早期採用者後會紛紛模仿他們的習慣，再來就只有內容稱得上是擴散率成長的推手之一。電子書革命是一場不見血的革命，廣布想像空間所及的每一處；當你沉浸書中時隨著想像力跨越時空限制。

現在，我們不會再歌頌沖水馬桶或是冰箱有多神奇，沒有人記得一九五〇年代是電視的全盛期，二〇〇一年當全球一半人口使用網路，也沒有人放煙火慶祝。就我記憶所及，不曾見過任何一個人歌頌手機或是汽車問世。但電子書誕生與眾不同，因為它與追求人類價值息息相關，可說是幾乎只依據這個條件而被精挑細選出來的類別。

電子書革命最終攸關思想，就真實而言，我們就是思想所在。它們就像是流過我們血管的樂章、讓我們免於渾渾噩噩過日子的一股電流。閱讀革命對人類的影響具體、明顯，辛巴資訊的報告也指出，《格雷的五十道陰影》（*Fifty Shades of Grey*）這本當初只出版電子書的著作，是美國電子書閱讀人口成長七%的推手之一。

現代革命比較像是微革命，現代政治革命也與創新革命進展速度相仿，革命被煽動、完成的速度較早年更快，這和我們成天與別人都掛在網路上有關。我們正處於一個互相連結的文明世界，電子書會推動這種連結更上一層樓，遠非沖水馬桶或冰箱能力所及。我們都是革命者，因為書寫、讀書創造文明，其間的種種想法、趨勢將我們連成一體。

但並不只是因為現在我們更容易或更快得手，幾乎只需六十秒就夠，電子書革命同時代表著我們能用光速將書中令人眼睛一亮的觀點傳播全世界，不管是透過其他讀者也能夠看到的注釋、重點，或是在臉書、推特上分享我們對於書中某個片段的評語，我們隨時隨地都可以對全球發表書評，猶如整個世界就是一個大讀書會，大家都是作者的好朋友。

先前我說Kindle是二十一世紀最棒的兩項發明之一，我指的是Kindle的**概念**：可攜式電子閱讀器，以及所有可透過它閱讀的電子書。我想，雖然跟在第一代Kindle之後推出的裝置已大幅精進、功能更強，但全都源於Kindle概念而來。就閱讀而言，iPad的成功大半得歸功Kindle，猶如智慧型手機的成功之於撥號電話一樣。

現今電子墨水式的閱讀器就和基本款的Kindle一樣，距離成熟期仍有一段路要走。它們或許永遠比不上多功能的iPad或是Google的Nexus，甚至比不上亞馬遜的Kindle Fire，但已為所有熱愛閱讀的人指出一個眾望所歸的未來，亦即無論身在何處，隨時都能取得任何一本已出版著作的書籍隨選世界。

事實上，已經有部分書籍只出電子版本，並提供實體書望塵莫及的功能，好比每幾天便更新一次。有好幾年，Kindle的暢銷書排行榜第一名總是只有電子書版本的《Kindle操作手冊》，作者史帝芬．溫渥克（Stephen Windwalker）自行與亞馬遜洽談出版計畫，每週更新數次，買家可以無償下載，因此他們總是能擁有最新版本。

這是美國詩人華特．惠特曼（Walt Whitman）夢寐以求的境界。

他一生共修訂九次偉大著作《草葉集》（*Leaves of Grass*），不斷改編、重新排序、新增作品並重新潤飾。他自掏腰包重新印製數回，導致他最終一貧如洗。儘管他已來日無多，唯一惦記的要事仍是「臨終版」的校對工作。每一位作家都可以藉由電子書成為惠特曼，不斷翻修作品、重新出版。

誠然，當今內容更新的流通網絡需要改進，我以讀者立場來說，完全無法得知電子閱讀器能否取得最新版本內容。我們需要一個類似部落格的流通機制，每當最新版本面世便可即時收到通知。我想要的功能是像iPad或iPhone那般，如果應用程式出現更新版、新郵件或有人在臉書上標註我，代表這項功能的圖示就會跳出一個提示的小「標記」。同樣的功能很適合用在電子書上。

這對於我們所處的現況很有幫助。我並不是站在不切實際的未來主義立場發言，而是看到科技的必然性。動作快的作者及出版商很快就會嘗到這些電子書新增功能的甜頭，包括動畫、互動、聊天室、定位、問答及卡洛里計算機等功能。出版界腦筋動得快，懂得善加利用這些功能，已經推出許多熱賣作品，因為這些功能不只是十分吸睛的數位文學、可以成為部落客圈子裡蔚為潮流的概念，並有幸登上《連線》雜誌。這些功能起效用是因為人們就是喜歡用這種方式吸收新知，而且也喜歡一站購足的便利性。

但唯有作家及出版商張開雙臂擁抱電子書革命啟動的潛能，這一切才可能發生。我原以為所有人都有把握機會的能力，但我在宣傳Kindle期間跑遍全美，造訪出版商、作者等相關人士才開始明白，我的想法錯很大。你從他們看待、操作電子書的作為就會發現，有些人根本完全在狀況外。但幸好，其他人能夠掌握精髓。我認為，這些公司在革命過後不僅能存活下來，而且會欣欣向榮；其他對手則想破頭也不明白，曾經身為一方霸主為何會淪落至窘迫的下場。

書籤：題詞

我從小就是書蟲，每週六都會把一整週的零用錢花在鎮上賣場裡的書店，因為那正是鎮民在賣場大廳及長廊兜售二手書的時間。他們在漫畫店及鮮橙朱利（Orange Julius）的門口搭起攤子，很靠近商家太空長廊（Spaceport Arcade），而你總是能在這裡聽到八位元的《大金剛》對戰嘶吼聲。因為他們都賣二手書，所以通常超便宜。我逛了幾個小時走出賣場之際，背包裡總是塞著滿滿的書，有時候甚至重到背不動了，只能放在地上拖著走回老媽的車上，彷彿我是在逃離遭受祝融之災的圖書館，不管飛灰及火花在身後齊灑，堅決要竭盡所能地搶救這些文化資產。

我常在這些二手書的第一頁或第二頁看到叔叔、阿姨寫給姪子、姪女的題詞。我在電子書上可從來沒看過這些。這些題詞通常是用墨水寫的，有時候是粗體字，有時候則是細體字，而且通常是為了紀念生日、週年慶、（比較令人沮喪的）離婚或喪親等事件。

題詞是一種相當個人化、流傳久遠的簽名形式。作家在書上簽名的時機通常是簽書會，以一種機械化的方式進行，為的是希望能在活動結束時看到令人滿意的銷售數字，才不至於枉費這麼多時間。這是隱含商業運作的簽名活動。但對一般人來說，題詞的意義重大，保存期限通常也遠較與親友相處的時間長。

例如，位於達拉斯州的南美以美大學（Southern Methodist University）蒐集一系列內附題詞的《聖經》。我是因為有一次臨時滯留，得在達拉斯待一天，才有幸造訪南美以美大學，親眼目睹費心保存的《聖經》，並能細細閱讀那些歷史悠久的題詞。有些《聖經》的由來可追溯至十八世紀，當作出生紀錄。開墾德州的拓荒家族會在《聖經》上記錄歷代新生兒的出生日期，因此這些《聖經》就能讓我們一窺拓荒者當時的生活樣貌。他們遠離提供醫院及教堂的社區，只為尋找更好生活，舉家遷居遙遠的不毛之地。

這些詞藻簡樸的題詞是家族史的重要一環，然而，假如我的後代想要重建家譜，將因電子書而無法如願，因為，如你所見，電子書沒有這個功能，我無法在書中寫上幾句話並送給女友。電子書會終結題詞，就像滅絕恐龍一樣。雖然恐龍曾是世界霸主，當六千五百萬年前的滅絕事件發生後，牠們全絕跡了，也無法在化石證據上找到恐龍的足跡。題詞之於電子書亦然。在數位化石紀錄的時代，你將找不到任何關於題詞的痕跡。

追溯任何數位商品的足跡也幾乎不可能了。假如你在網上非法下載音樂，無從得知誰和你一樣擁有這份音樂檔案。它有可能已經轉手過上千次，足跡從俄羅斯至塞爾維亞，然後去了法國再到美國；從個人電腦（PC）到麥金塔、從比特洪流（BitTorrent）的一個使用者再到另一個使用者。儘管檔案歷經千萬里，依舊完好如新，讀取無礙。

想像一下數位護照，如果你能在上面任意蓋印或銷毀所有國際簽證，屆時將會如何？除非你能把檔案翻出來後重新編寫，不然完全無法在數位商品上留下屬於個人的印記。你能修改一本電子書，然後在上面題詞嗎？也不是不可以，但那是假設你能拆解一本電子書，而且能使用某種工具新增頁數。但這道工程可是困難重重，好比你身穿小丑服裝、腳套潛水鞋參加在坡地上舉行的障礙賽一般。突破這種難度可說是毫無意義。

我覺得電子書的確帶走題詞及回溯歷史這些美好事物；我們失去了解自己及整個家族的方法。不過，也許失之東隅、收之桑榆，日漸興起的社群網站可以填補這塊空缺，因為未來你的曾孫將能下載你在推特及臉書上的所有發言。

未來將可能出現讓你在電子書上題詞的工具嗎？假如有，那也會是蘋果、亞馬遜這類掌控我們閱讀體驗的零售商提供。你得仰仗這些企業永遠不會倒，以求它們的雲端空間可以安穩地儲存你所有的題詞。一旦雲端空間瓦解了，我們的題詞很可能就隨風而逝，除非有公司提供電子書列印服務，源源本本地列印內容並裝訂成傳統的實體書。

我可以想像，波特蘭或是布魯克林會有這類復刻企業，老闆可能是留著整齊鬍鬚、戴著軟呢帽的嬉皮人士，專營電子書列印，而且會比照布魯克林區那些專門印製雜誌的同行所採用的規格來列印電子書。

每個家庭都有自己的故事，家庭藏書的題詞上通常會有家族史的足跡。你的家族裡有這麼一本附有題詞的藏書嗎？或有一本家族《聖經》？在這些易碎的舊書頁中可否找到一則屬於你的故事呢？你想說給大家聽嗎？

http://jasonmerkoski.com/eb/11.html

12 創新者及落後者：出版業的新樣貌

電子書革命中最強力的革命者並非零售商或作家，甚至不是出版商，而是讀者。他們信念堅定地買下第一代Kindle，或花了六百美元買進第一代iPad。這群人是創新者及早期採用者，會對周遭親朋好友說明電子書的好處及高可讀性，他們也大量購買電子書。

你當然會想知道，為何人們願意購買電子書。持平來說，電子閱讀器不僅迷人，而且的確是很精巧的裝置。當創新者有一樣新穎獨特的玩意兒入荷時，通常也等於為它背書，繼而便開始有人跟隨。這種現象在時尚及科技業十分常見，這就是社會風俗習慣、風尚、潮流及科技產品的涓滴效應（trickle-down effect）。但電子書卻有個地方不同，我把它叫做「讀者的罪惡感」。

雖然ＭＰ３播放器及飛機上使用的ＤＶＤ播放器十分別致，我們多半出於娛樂性質購買音樂或影片。但書籍不一樣。你從小到大花了好長時間跟書籍相處，學校應該也教你書籍的重要性，所以會有一種莫名的罪惡感督促你，讓你老是覺得書念得不夠多。這就是讀者的罪惡感，這就是某些也許包括你在內的讀者拚命買電子書的原因。因為你覺得有必要這麼做。這種令人不安的罪惡感也很有可能促使你花錢買下一台Nook。

再把話說白一點，我們的確應該為書念得不夠多而感到罪惡。全國教育協會（National Education Association）及出版商遊說團體所做的研究指出，全美人口可分成兩個族群：一半人口讀書，另一半則否，我們這個國家就是讀書人和非讀書人組成。研究也指出，選擇不念大學的高中畢業生裡，三三％這一輩子再沒讀過任何一本書；大學畢業生則是四二％。去年美國八〇％的家庭不曾購買或閱讀任何一本書。真是讓人傷心。

這些數據當然嚇壞出版商了。

談到電子書，有兩種型態的出版業者：創新者以及落後者，我擔任Kindle傳道士時，兩者都碰過不少。

我在旅途中發現，大致上來說，書市裡最創新、最具彈性、最成功的出版商大都是小型或中型企業，它們是最渴望成功的族群，同時也最願意冒險一試。但是它們其實也沒那麼小，因此仍有足夠財力可以承受創新失敗。我特別是想到幫我出書的書源（Sourcebooks），我是在幾年前任職於亞馬遜影音電子書部門時第一次拜訪他們。

書源是第一家把CD及DVD當作附屬品，連同書籍一起打包販售的出版社。這種做法讓你可以一邊閱讀雪維亞．普拉絲（Sylvia Plath）或艾略特（T. S. Eliot）的詩作，一邊聆聽他們朗讀詩文內容，十年前首度問世時掀起極大熱潮。書源不僅是首家結合文字與有聲出版的公司，也是首家將這種手法運用在電子書的出版社。我還記得，當初與書源合作將歌手強尼．凱許（Johnny Cash）朗讀的影音數位化，然後再內嵌在電子書裡，讀者閱讀時就可聽到他的聲音。

書源執行長多明妮克．蕾卡（Dominique Raccah）重視細節的管理風格與貝佐斯、賈伯斯如出一轍，但她與這兩位巨頭不同的是身段靈活、能快速調適並從希望渺茫之處窺見商機，她為人強悍、直截了當，是那種會在西部淘金時代開辦電子書俱樂部的人。（我就招了吧：書源擁有獨特的創新才能，當我在尋找這本書的出版商時，成了第一個跳進我腦中的合作對象。）

書源位於芝加哥近郊，搶下三、四塊科技大餅，打造出功能強大的電子書，可以無縫整合影音效果；也開發出互動式兒童電子書，讓兒童量身打造以符合自己的閱讀習慣。

比爾（Bill）是我認識的另一位有創意的出版商，專門出版旅遊指南。儘管他看起來像是一名典型的老學究出版商，卻能完全掌握未來書籍出版的精髓。他發音清晰，遣詞用字精準得像是再三斟酌過，讓人以為他在大學時主修凋零的修辭學。我可以坐著聽他長篇大論數個小時，內容不脫離旅遊指南路線，多圍繞著墨西哥的下加利福尼亞州（Baja California）或峇里島這類遙遠所在。

我不清楚哪一部分較有異國風情，是那些遙遠國家的旅遊指南，還是這位出版商回憶過往的莊嚴聲調。早年的出版業者不僅個個口才便給，掌握出版業經營模式也十分精確，更是跟得上科技轉變。處於現今這種定價策略及促銷手法日新月異的出版市場，多數業者認為經營是一項令人頭疼又複雜的苦差事。

我和比爾討論旅遊書的未來及閱讀行為改變時一致同意，即使你當時身在遠方，但旅遊書就是能結合閱讀一個地方與實際感受當地生活這兩種行為。

蕾卡及比爾這類出版人將電子書當成應用程式一般設計，因為這種電子書就能做到實體書及一般電子書辦不到的成果。他們將電子書視為讓人專注使用的互動性產品，透過豐富的文字或特定技術結合所有功能。

這種電子書造價昂貴，發展初期一定無法普及，如同應用程式般的電子書聽起來十分吸引人，但即使是最吸引人，終究也會過時。現在看起來很火紅的科技噱頭幾年後不可避免地會被淘汰，這就是應用程式的宿命。我敢打包票，現在你找不到一台電腦可以執行十年前或二十年前買的軟體，即使你能找到以ＣＤ儲存或能從網路上下載久遠之前的軟體，現代電腦的硬體設備及作業系統在這些年來早已改頭換面，讓舊軟體在現代電腦上運作的難度很高。

大體而言，科技創新速度太快是個問題。例如，我找到一張儲存小時候文字創作的磁片。那時我常到父親任職的報社，使用那裡的大型電腦寫作，然後備份在手中這張磁片裡。但我遍尋不著能夠讀取這些磁片的電腦，最後才在一間德國的科技博物館找到了。這裡收藏高齡二十歲的電腦，至今仍能運作。

科技會老化，而且飛快。

一支電子書應用程式的賞味期最多只有幾年光景。安卓系統的電子書應用程式與蘋果的編碼互不相同，因為兩者使用的語言不同，互通代價是花費上萬美元請工程師處理。但今日的熱門軟體只需一眨眼工夫就化成了千古化石。

看看加拿大洛磯山脈伯吉斯頁岩裡的化石群（Burgess Shale Formation），可是五十億年前的生物，僅此一家、別無分號。有些看起來像是長了翅膀的龍蝦；有些像是會走路、長著毒鰭的手風琴；也有像是長了鸚鵡嘴的魟魚；或是象鼻一般大小的五眼蟲。這些生物的身形奇特，令人困惑。假如我們看到其中任何一隻活生生地從我們身旁走過，一定會被嚇得半死。但這種變種生物的演化歷經大自然考驗與選擇，適者生存至下一個紀元。

話雖如此，在電子書處於幸福美好、有如淘金熱潮的階段，出版商紛紛投入創新、砸下五萬美元（這是業界的平均花費）製作互動的電子書應用程式之際，我不是想要在雞蛋裡挑骨頭。這些應用程式爆貴，從出版商到作家，都在縮衣節食或調降版稅以完成這些應用程式。即使出版商無法立即受惠，但過程當中若能學到寶貴經驗，將能協助他們存活下來。此時此刻，演化腳步已經快到足以稱為革命，變化巨大、死傷無數，反應快才得以存活下來，而且一定是那些能在恐龍腳邊靈活移動，不會被倒下的恐龍壓死的物種。

我提到了創新者，但出版界同時存在為數眾多的落後者，不少還是業界龍頭。儘管它們曾經是市場的最愛，但紐約不少歷史悠久的大型出版商已成了現代恐龍。

走進紐約前五大出版社有如回到過去，或是走進影集《廣告狂人》（*Mad Men*）的場景。即使你是和總裁或總經理外出用餐，也像是置身空氣中瀰漫苦艾酒味的一九五〇或一九六〇年代。一席飯就能談成合作案，也可能是因為你的領帶品味或學校的紀念戒指。

往日榮光耽誤出版商進步的速度，也不再輕言變革。亞馬遜會擔心創新是否太快或商機外洩，紐約頂尖出版社也同樣更小心翼翼、神神祕祕。舉例來說，我知道有一家出版社買下一本不久後即將出版的暢銷書手稿，立即偷偷摸摸地短租一間公寓三十天，把自家副總裁關在裡面，徒手把這本手稿轉檔成電子書。這家出版社就是擔心手稿內容外洩才不願意外包給轉檔公司。

但是，在一年一度集結各大出版商及零售商的美國圖書博覽會（BookExpo America），所有祕密完全曝光。

§

四月雨帶來五月花，還有各家出版商赴紐約參加這場全國最大出版盛會時發下的豪語。每年五月我都會代表亞馬遜參與盛會，和出版商討論電子書發展。我走出亞馬遜的圍牆花園與這些出版商討論的過程不全然愉快，事實上，不愉快的機率比較高，常有出版商當我是擅自闖入的野蠻人或匈奴，對著我大吼大叫。

舉例來說，某天迪士尼（Disney）叢書的某位資深副總裁就曾在紐約的某間地下室對我高聲大吼。

他坐在會議桌對面，我則像是被拷問的犯人。印象中的迪士尼不外乎會說話的動物、會旋轉的咖啡杯及會飛的掃把，但是，當你真的被迪士尼砲轟時，眼前所見只是這個神奇王國的黑暗面。但我不會因此就討厭迪士尼啦。一小時前，我才在同一處被哈潑柯林斯

（HarperCollins）的副總叫嚷過；再過一個小時，我又要被另一間出版社人士狂吼。怒吼聲浪一年比一年多、一年比一年響，出版商憎恨亞馬遜已是家常便飯，即使是Kindle問世前，雙方的關係就已像是老夫老妻，彼此總是拌嘴個不停，但從不會離婚。

我們爭辯的內容其實並不重要，因為每年都不一樣，但結束後，總是會握手言和。亞馬遜代表會準備好迎接下一間出版社的挑戰，而迪士尼則是接著把苗頭對準蘋果或索尼。這是我們每年在博覽會地下室上演的舞碼。

在博覽會場上，你會手拿最新型電子閱讀器、參加知名作家的簽名會、獲得免費的新書或漫畫，並與被冷落的小型出版商及獨立出版商交換名片。

但會場下方兩層的空間，亦即地下室那幾間內裝有如古巴牢房的會議室，才是好戲登場的舞台。每個人都搏命演出，襯衫因此從裡面濕到外面了。席間不乏有人出拳重捶會議桌的畫面，但大家仍然保持笑容，因為最終每個人都會從談判桌上拿到一些好處。

這種不光彩的吼叫事件每年在德國法蘭克福書展同樣上演，而且更高分貝；隨著這股電子書熱潮持續升溫，即使是在倫敦書展，從英國特有的傳統派出版商臉上也看得見這種筋疲力盡的笑容。這一切都是因為每年一度的談判大會總涉及大筆金錢，舉世皆然。

多數讀者毫不知情這種檯面下的祕密對話，因為總是有新書上市，而且這些幕後血淚也只不過是商業行為的一環罷了。但是，對出版界人士來說，這的確難熬。

你看，大部分出版人來自與藝術相關領域，或是具有寫作能力，這些人可都是拜讀過荷馬（Homer）及埃斯庫羅斯（Aeschylus）的大作，能分辨微笑背後的意涵、能在茫茫書海中找出好作品，但學校可沒教他們如何應付這些讓人血脈僨張、壓力破表的唇槍舌戰。

他們投身出版業是出於熱愛文字及語言，還有沉浸在書中才會開啟的想像力。一旦真實場景有如醜陋的結痂一般脫落，我們就能回到一個令人著迷的虛構新世界。也許這就是支撐我們撐過美國圖書博覽會期間一場又一場談判的原因。

當一切搞定，每個人會互相握手，並從嘴角擠出一絲微笑，之後一起受邀至熨斗大廈參加慶祝會。席間大家會與琥碧．戈柏（Whoopi Goldberg）及蜘蛛人同醉。出版商高層熱絡地與演員及作家牛飲曼哈頓調酒，星期二彷彿成了星期五，只是隔天仍須繼續回到地下室的會議桌作戰；宿醉在他們的腦中大力撞擊，拳頭則是重重擊在會議桌上。我們每年都得迫於這種被誤導的利己主義重演同樣戲碼，但如果不這麼做，這些出版商位於曼哈頓中城的辦公室將被書本堆滿，讀者別想買到書。

儘管出版市場正靠向電子書，美國圖書博覽會這類活動卻愈來愈盛大，就如同混凝土雖然是羅馬帝國時期的古早產物，全國混凝土協會（American Concrete Institute）一年一度的大會至今仍照常舉行一樣。只要產業成員之間的關係仍在，一年一度的聚會就不會消失。所以電子書普及不會導致美國圖書博覽會這類活動停辦，也不會把整個活動搬到電腦聊天室上舉行，尤其不會選在電子書革命延燒的此刻，產業龍頭洗牌戲碼幾乎一天上演一回。

出版商、零售商及作家是出版業的鐵三角，只要其中一個不存在，讀者就買不到書了。作家寫書、出版商負責印刷及包裝，零售商則負責銷售。你不可能開車到位於曼哈頓中城的藍燈書屋總部去買《失落的符號》（*The Lost Symbol*），他們不會賣給你，警衛還會把你趕出去；你也不可能開車到丹·布朗（Dan Brown）的豪宅向他買這本書，他家也有警衛。作家、出版商與零售商之間的關係就像一段複雜的三人舞，像在三星系統軌道運行的星星，那是一個複雜的旋繞軌道，但這個複雜的三人舞終究是有利讀者。

出版商需要讀者，古騰堡的金主派使節到佛羅倫斯及巴黎參加商展，目的是推廣古騰堡的新版《聖經》及招攬預購訂單。我們知道這段故事是因為，一四五四年，神聖羅馬帝國派使節赴法蘭克福參加一年一度的秋季商展，那一年市場耳語有人兜售一本全新版本的《聖經》，內容完全無誤，而且印刷格外精美。這位使節說：「《聖經》尚未大量出版前，訂單就已經堆得滿天高了。」

一年之後，天主教會的主教也想得到這些品質精良的《聖經》，但早就被修道院、教會及民眾買光了。所以，雖然我可以想像，古騰堡在那間充滿煤煙及德國醃菜味的工廠裡，用當地工廠出產的墨水、附近林地製作出來的紙，可能再加上來自近郊礦場的鉛和錫，努力工作的景象，但在當時的時空裡，商業交易仍然是一道向外開展的力量。

在實體書發展早期，古騰堡這類出版商等於把出版鐵三角關係中的三種功能全包下了。出版商除了印製、包裝書籍，還要招攬預購訂單，或是餽贈幾本書給常客。出版商通常也身兼作家，有的是使用公共版權、有的是花錢請別人寫，有的甚至直截了當偷取其他出版社的作品重新改寫。這種情形維持了一百年。

經過一段時間之後，隨著全職作家及零售商出現，情況變得愈來愈複雜。所以，儘管早期出版商一手掌握了所有大權，現在的出版業則呈現了三角鼎立的狀況。

隨著電子書發展，我們可以看見這三種權力又將聚集在一處，但擁有者並不是出版商，而是零售商。

如哈潑柯林斯及歐萊禮媒體（O'Reilly Media）這些懂得創新的出版商已經做好零售網站，讀者可以自行上網下載它們所出版的電子書，禾林出版（Harlequin）的網站就建構得相當成功。但這些只是少數。

出版商最擔心的就是亞馬遜這類公司開始涉足出版業。亞馬遜藉由旗下的「創造空間」

（CreateSpace）與「書潮」（BookSurge）經營個人出版事業（self-publishing）踏入傳統出版界，任何沒有經紀人、沒和出版商簽約的個人都可以在這裡印製自己的著作，而且這間公司也自有電子書出版計畫。

出版商只會出版他們認為可能暢銷的書籍，通常不把個人出版的作家放在眼裡；出版商自有一套嗅出商機及才華的能力，即使偶爾會看走眼，識別力還算是高的。他們的敏銳眼光讓市場不會充斥著滯銷書，不然我們應該經常看到路人甲所寫的愛貓回憶錄。

但亞馬遜卻逆向操作，鼓勵不獲出版商青睞的作家與他們合作，條件是必須提供獨家版權交換。所以，假如這些個人出版的作品當中有一本爆紅，就唯亞馬遜擁有獨家版權，邦諾書店、蘋果或其他人都無權銷售這本書。

這種狀況在電子書上更是如此，Kindle獨家的檔案格式讓其他業者無法銷售同一本書，獨立作家便如潮水般湧向亞馬遜這類提供個人出版的公司，因為版稅更優渥，大部分高達書價的七〇％，不過這個比率僅適用電子書市場，傳統出版業提供作家的版稅通常僅為書價的一〇％。

出版商就像我們想像中的博物館館長，通常不喜歡零售商這種來者不拒的風格，但像亞馬遜這種零售商兼出版商則十分樂意出版任何一本可能大走紅的書，即使是一本糟到不行的愛貓詩集。（相信我，市面上真的有很多個人出版的愛貓詩集。但我個人認為，只有艾略特有資格撰寫愛貓詩作。）

現在，零售商若想當個稱職的書籍內容策展商，要學的可多了，但至少看得到它們已經起步了。例如，亞馬遜有個部門專門購買市面上暢銷書的版權，舊酒裝新瓶之後再重新上市。出版商若想學零售業經營，該學的也很多，但你也會發現，他們已經跨出步伐了。既然他們開始自己決定售價，就必須學習如何定出競爭力高的價格，也必須懂得在「父親節及畢業季」（譯注：美國的父親節和畢業季都在六月下旬）這種節日做促銷。

現今的出版界一團亂，但你能預見零售商終將取代出版商的地位，很有可能也取代作家的角色。你不難想像，蘋果出資請人寫書，或自己養一批作家；再不然，邦諾書店雇用一群藝術設計碩士大量產出，或是和一群獨立作家簽約合作出書，就像新手入門這類的暢銷系列書的出版模式。你也推想得到，「作家身分」將成為企業商品，隨之而來的結果是，書市鐵三角的三大功能可能全都集中在零售商手中，而不是古騰堡時代以降的出版商。

不管書市將如何演變，唯一確定的是權力正在轉向那群能夠真正掌握科技的人。

向科技靠攏將鼓勵創新、提高複雜度，並帶給讀者更多選擇。不管最後誰成了三角關係的龍頭，最大贏家會是讀者。我們正處於電子書的爆發期，不管是大型或是獨立出版商、暢銷作家或無名小卒、全球各地的新興公司及Google般的大型科技集團，全都對電子書充滿興趣。

數百間圖書館總計超過千萬份文件內容正在數位化，甚至包括比紙壓花還易碎的十八世紀書冊。Google這類科技公司及網站典藏計畫館（Internet Archive）正在掃描這些檔案，所以未來我們仍能保有這些內容。

五大出版商面對這場科技革命，有的動作快、有的動作慢；有些出版商大力揮臂，彷彿說著：「新科技，我來了！」但現實中，它們通常只會列席研討會上乾瞪眼。主流出版商仍然優哉游哉地享用高價午餐，將重心擺在傳統書籍出版，並努力維繫與作家、經紀人及印刷廠之間既有的關係，完全對市場上的生力軍視而不見。科技業、軟體業及初創企業正以矽谷步調快速前進，傳統的曼哈頓出版商卻仍朝九晚五，外加八月休長假，彷彿曼哈頓是義大利的領土一般。

我提及五大出版商，但或許該改口說六大了，因為亞馬遜也跨足出版業。除了個人出版計畫之外，還有一個安可系列，意指「從亞馬遜網站的讀者評價中挑出被忽略的好書及好作家，他們的潛力與現有的低銷量不成正比」，這個系列是採用群眾外包的評論結果，協助出版部門擬定決策，不再單靠傳統的編輯流程。

儘管亞馬遜的安可系列並非採用傳統的編輯嚴選方式，仍有許多公司樂意採用，它們並不全是出版商或零售商。

電子書創新潮也發生在另外兩處。第一處是在蘋果、亞馬遜這類大企業內部那間設立兩道鎖加密，而且警備森嚴的密室中，另一處則是在外圍市場，攤在大家面前進行。

對我來說，後者更有趣：一群熱血發明家聚集在此，炫耀自己最新自製的電子閱讀器或應用程式。在我任職亞馬遜的期間，與這群人相處時特別自在。我常突如其來地去參加他們的聚會，因為喜歡他們那種熱愛創新的氛圍。一群狂熱的異教徒聚在一起創造新事物，這群人是建造者、是我族類。

讓我有歸屬感的一處是網站典藏計畫館，由布魯斯特．卡爾（Brewster Kahle）創立。他因網路致富，也是亞馬遜家族一員。這裡收藏各式各樣的媒體資料，包括一九五〇年代出版的教育短片、公共版權的電子書、演唱會實況，甚至還有一九八〇年代的軟體以及電玩遊戲，全都可以從網站典藏計畫館無償下載。

網站典藏計畫館位於舊金山港邊一處美麗的白牆老教堂內。你一踏進館內就會感受到一股神聖氣息，覺得這裡正足以捍衛我們的圖書及音樂，有如一項神聖的任務。或許正是如此，儘管整座教堂已被改建成大會議室，塗著亮光漆的靠背長椅仍完整保留下來。

既然卡爾已是千萬富翁，因此他的所作所為全是出於理想主義。你總是能在這種人身上看見一種微妙的態度，像是無入而不自得的瀟灑，或說言行舉行中帶有特別氣質。隨你怎麼稱呼，但他們天生就是有一股道德信念。

卡爾讓我想起一九五〇年代一位叔伯輩的科技高手，寧願窩在地下室的工作間埋頭經營業餘無線電台，因為他對那股烙鐵味可是愛得很。他也是那群外表毫不起眼的網路富豪之一，但是天啊！他是個愛書狂，自掏腰包聘了一群人將舊書數位化。

他和其他網站典藏計畫館的理想主義者就像是中古世紀的僧侶，但與僧侶用筆墨抄寫古書不同的是，他們倚靠置放在亮漆木長椅底下的巨大伺服器。網站典藏計畫館就像是靠封箱膠帶及理想主義維繫的Google。

卡爾舉辦過不少意義重大的研討會，大型電子書零售商的代表中只有我會出席，可能因為蘋果及其他公司無暇撥冗參加。但我有，因為它很重要。我通常會坐在後方，仔細聆聽台上的大學教授、科技奇才及獨立創業家等講者使用簡報檔案演講三十分鐘。

你得了解，這些人士可是打從心底愛好電子書。他們是科技革命者，但因為多半已是百萬富翁，說他們是革命者更貼切。他們可能是歷史上的無名英雄，讓電子閱讀器體驗好感度倍增的那群人；他們會想辦法提高電子書的顯示效果，因此十分熱中樣式表、字型及連字符號。他們明瞭，電子書發展不該只是複製實體書五百年來的成果而已，他們也知道電子書必須超越實體書才有存在價值。

§

提到電子書革命的靈魂，小型獨立電子書創業家與科技巨人的重要性、貢獻度可說不相上下，但隨著革命愈往前進展，科技巨人才會開始愈關心電子書。最終，特別有一位巨人從沉睡中醒過來。它是全新的重量級玩家，已在電子書搶占一席之地，規模超越蘋果，但玩法與眾不同：它就是Google。

書籤：書店

西雅圖有一家二手書店，名為「文雅的鵟」（Couth Buzzard Books），在亞馬遜的陰影下求生存。我與老闆聊天時，他說不擔心電子書發展。「我以前當老師，」他說，「讀書的小孩不會變壞。」他只是想確認人們依然讀書。我也認為這相當重要。但是幾年之後他即將退休，所以他會擔心實體書的未來嗎？他聳聳肩說：「不太重要。」

他或許比我有智慧，但我認為實體書仍然重要，而且是很重要。

儘管我在Kindle部門任職五年；儘管我幾乎擁有每一台公開發表過的電子閱讀器；儘管我在十多年前已一馬當先寫出電子書；儘管我仍然非常喜愛我的Kindle，諷刺的是，我對電子書的確是有點意見。

當我在麻省理工學院求學時，我常造訪位於波士頓的雨果大道書店（Avenue Victor Hugo Book Shop）。它有很多既大且深的空間，嘎吱作響的木造地板，走廊上還有手寫的指示牌導引你好書何處尋。它的下場與大部分的獨立書店一樣，現在已停業了。事實上，一九九〇年代，很多獨立書店已隨著邦諾這種大型零售商崛起而歇業。讀者可以用更低價錢挑選更多種類的暢銷書，卻再也找不到一些有趣但相對冷門的作品了。那種與同樣熱愛書籍的熟客或店員隨意閒聊的聯繫感也消逝了。

我覺得，這項損失讓我們退步了，因為有時候最有趣的書最難被發掘，也是亞馬遜從來不會推薦的類別，即使是「好讀」這類新式網站也從未推薦過。有時候，你需要一個同好幫你完成這項任務，這個角色通常是由獨立書店的店員或熟客扮演。

有些像邦諾這樣的零售商還是會在店內擺放椅子，讓客人坐下來閱讀或閒聊；有時候也會有塔羅牌算命，假如你帶了Nook進去，通常有機會得到店內咖啡館提供的免費甜點或咖啡。所幸，我們仍能在住家附近找到愛書人士聚集的好地方。

閱讀就像搭乘球形潛水艇深入墨黑海洋一般，你獨自一人潛入黑暗觀看奇妙的生物。浮上水面後，你可以興奮與人分享、討論你一路上看到會發光的鰻魚及令人驚喜的魚群。（你會在最棒的書中發現深藏內心尚未覺察的喜悅，但不是明文寫在書頁上。最棒的書會揭示你早已察覺，但或許是因為太害怕而不敢詳細檢視的自我。）與人分享讀後感是很棒的體驗，不管是一本主角迷人的小說或觀點有趣的非小說類讀物，你都會想找人討論以便更深入理解這些內容。

我不知道，實體書店是否會隨著數位革命發展而消失，但謝天謝地，至少目前許多書店看起來是挺住了，而且生意比之前更好。我希望它們能一直維持下去，但我也希望它們能夠學學線上零售商的做法，維持過去的經營手法已經不夠了，書店就像科技初創企業及靈活變通的出版商，也需要因應當今潮流、學習創新。

對於有智之士來說，書店是一個安全的避風港，能讓他們遠離街上喧譁及世俗壓力。特別是獨立書店裡通常可見到徘徊來去的貓、舒服的沙發，還有那種讓你可以輕鬆待上一整天的氛圍。我保證你一定曾在大書城或小書店的走廊上消磨過好幾個小時。如果你像我一樣，就會特別鍾愛某些書店。你願意與我們分享嗎？

http://jasonmerkoski.com/eb/12.html

13 我們的書正移往雲端

我愛我的圖書室。

它的空間大到足以占據我家三層樓。它不是最漂亮的圖書館，沒有漂流木做成的書架或刻滿雕花的展示櫃；也沒有發呆的館員坐在門口等著幫我找書。老實說，說是小倉庫恐怕還比較貼切，但至少可以省去我跑上跑下的時間及精力。

這正是我覺得電子書比較方便的原因。我只要打開Kindle，然後輸入單字，只要十秒就能找到所有藏書當中包含這個字的書籍，但這只是全球數位圖書館的皮毛而已。

Google最接近我對全球數位圖書館的理想。你若與Google合作，等於手上擁有一間永遠在向外擴展的圖書館；此外，你還能上傳所有藏書到Google雲端，並在上面重新打造你的個人圖書館。

二〇一〇年Google起動電子書計畫後，每一名置身出版與零售界的人士都帶著憂喜參半的心情期待看到最後成果。它會發表自有的電子閱讀器嗎?平板?或是全新的裝置?

結果半出人意表、半符合企業本質,Google選擇一套在瀏覽器上運行的解決方案。Google的電子書計畫目前只是進展到試水溫階段,因為它其實已備妥長遠計畫。最終,它會好整以暇地開發書籍革命所需的長期閱讀功能,我稱之為「閱讀二・〇」,因為Google將它的電子書儲存在最虛無縹緲,影響力卻最大的地方:雲端。

§

我搭飛機時,通常會閱讀機上的郵購雜誌,商品包括機器人掃帚、會說話的土地公、內含Wi-Fi的烤披薩爐、給貓聽的新世紀音樂,還有一種先幫我咀嚼食物的機器。這本雜誌就像是給有閒有錢的商務艙乘客看的《幸運》月刊(*Lucky*),裡面賣的是能容納五百張CD的收納櫃,也不管MP3革命都已經搞了十年,而且我的每一張專輯都已經數位化了,即使是我的戰後嬰兒潮的雙親也已經把他們的專輯都轉成MP3了。

我為什麼要買一個這麼可笑的收納櫃浪費家裡的空間?它也太一九八〇年代了吧。在二十一世紀的今日,它就像是鄉村髮型、Izod襯衫、手提式收錄音機一樣毫無價值。這本雜誌還賣漂流木書櫃，但我們現在都已陸續將藏書儲存在輕如電子般的雲端上了，為什麼還需要花更多錢買書櫃？

一本電子書有多大？這問題意義不大：一本電子書比蒼蠅、比微生物還小，不過只是儲放在某處硬碟裡一閃而過的〇與一罷了，可能是在手機，也可能是在Kindle。由於是電子書，你想複製幾本都可以，因此只消幾分鐘你的電子書圖書館即可備份完成。

但萬一我家失火，藏書一夕全毀，我必須一本一本重買。這實在是困難重重，因為有些藏書幾乎絕跡了。我的電子書圖書館就不同了，完全無須擔心備份問題，因為我知道亞馬遜、蘋果、邦諾書店或任何一家數位書店都會幫我打理好。它們都在雲端上。

話雖如此，我還是會備份電子書，因為我對數位內容總是有一種偏執的恐慌感，誰知道亞馬遜、蘋果或邦諾書店會不會有一天宣告關門大吉。大企業、小公司都逃不過。曾為全球霸主的東印度公司（East India Company）興盛了三百年，終在一八七四年宣告停業。如果用一種長期的歷史觀來看，亞馬遜、蘋果及其他電子書零售商總有一天會垮台，就統計數據而言，這是無法避免的結局。總之，現在硬碟很便宜，我備份電子圖書館花不到十美元。

而且，假如我有一週或一個月忘了備份電子書，還是能老神在在，因為我知道它們都在雲端上。

雲端這個字眼又出現了。什麼是雲端？在哪裡？你的電子書到底在哪裡？如果有一天你的電子閱讀器掛點了，該如何重新取回那些電子書？

我想起小時候頭一回發現電腦有剪下、貼上功能的那一刻，突然間我領悟到，你能選取某段文字，然後剪下它，但它卻還存在於某個地方。它在乙太中漂浮著，但除非你知道解密咒語，不然觸不到它，這個咒語便是貼上功能。這是個神奇的概念，這個能裝載幾個字甚至一整段故事的隱形緩衝器，可以讓你把它們重新放在你想放的任何地方。

這朵我們熟悉的雲與剪下、貼上的概念類似，但又更龐大，而且不只一朵。就像大自然裡存在著雷雨雲、軟蓬蓬的白雲及龍捲風，Google及亞馬遜也各擁專屬的雲，蘋果與其他公司也是。

數位雲群被安放在美式足球場大小的空間裡，裡面擺滿伺服器，高度大概是膝蓋到頭頂不一而足。塞滿儲櫃的電腦散熱風扇發出接近毀壞邊緣的強吼聲，一棟建築內就布滿能綿延數英里的長廊，而且不少長廊還會延伸進入另一棟建築。

我曾走進亞馬遜的資料中心見識它的雲群。我走下長廊，讓那些從散熱風扇吹出欲振乏力的熱風吹拂我的頭髮。硬碟發出的呼呼聲及熱風讓這些雲群得以存活。IBM的雲端伺服器溫度高到必須內建水管網路，將水導入以冷卻核心伺服器。

雲群存放在巨大的無窗建築物內，通常坐落在河邊，因為這樣就可以使用水力發電。整條河水都用來維持雲群運作。雲群每天需要的電力比某些開發中國家一年的用量還大。

這些雲群就是裝載我們數位內容的倉庫。不管是位於北卡羅萊納州的蘋果雲群，或是維吉尼亞州的亞馬遜雲群，它們無時無刻都在運作，隨時準備好在帽子落地的瞬間傳輸資料給你。這些雲群透過光纖網路將大量資料傳到外面，先接受指令然後輸出大量資料。它們就像自成一格的河流，MP3檔案及電子書內容就像滾滾泥水般不停湧出。

雲群是新興的圖書館。在數位世界中，無需將內容存放在書櫃裡。當亞馬遜賣你一本電子書時，並不是從架上把它取下來。數位存貨與實體存貨是完全不同的概念。你不是擁有無可限量的數位存貨，就是一本都沒有，只要索尼這類公司有權銷售電子書，就永遠無需擔心缺貨問題。電子書永遠都在雲端裡，隨時準備好要賣給新客人，或重新寄給不小心刪除檔案的客人。

那些連結雲端的裝置讓我們可以和數位內容編想美妙的舞蹈。假如你的裝置快掛點了，隨時可以買一台新的，然後重新將內容從雲端下載至新裝置上。就像是電影《變腦》（*Being John Malkovich*）的劇情，人的靈魂進入另一個人體後就能長生不老。任何裝置損壞都無所謂，只要雲群還在，我們的文化便得以保存。

當我參觀Google存放電子書雲群的資料中心時，簡直是目瞪口呆。儘管我已見識過不少這類建築，但它就像是電影《法櫃奇兵》（*Raiders of the Lost Ark*）最後一幕，「法櫃」被封裝進條板箱，被推過其他條板箱已堆到天花板的長走廊，那是個超大的倉庫。但Google資料中心內部並非一片死寂，總是發出十億位元高速網路運作時的嗡嗡聲，這片網路曲折延伸至世界的任一角落，嗡嗡聲則是光及電路的合奏曲。

在雲群裡工作的人得二十四小時配戴呼叫器，他們有時會在半夜被叫醒，因為呼叫器通知他們某一台機器運行中斷、某一台硬碟需要更換，或是某一條網路需要重新連線。監視器及警鈴小心翼翼地看護著這些裝滿資料的雲群，只要有一丁點不對勁就大聲作響。因此這些雲群比你知道的任何事物都安全，絕對比你家或我家的數位圖書館還穩當。Google資料中心裡，雲群掛點的機率比小賊闖進我們家裡把藏書偷光還低。

因為雲端之故，當你在別人家裡見到書櫃空蕩蕩時也就不那麼意外了。個人藏書室將會被移往雲端。你的確能將個人藏書全部存在Kindle的記憶體裡，但當藏書愈來愈多時，你會發現搜尋更費時了，因此零售商終究會將搜尋的功能放上網路，你將能搜尋到藏書裡的任何一個單字及詞彙。有些更善解人意的零售商除了電子書的搜尋結果之外，還一併告訴你實體書的結果，不過這得要你當初是在他們的實體店面購買才可以。

你還可以在雲端上搜尋藏書內容，把Google的檢索科技搬到你家的圖書室使用。當然，這得要Google已經數位化你的藏書才可以。儘管目前沒有，假以時日一定會被Google數位化。你毋須手指滑過書架上一本本書背挑選想讀的書，只需一台孤零零被擺在書架上的電子閱讀器即可。你只需手指在觸控螢幕上點個幾下，就能在家裡、辦公室甚至地鐵站或中美洲某個地方的吊床上找到任何一本藏書。

無法親手觸碰書本內容將再也不構成閱讀阻礙，對於亟需構想的學生或研究人員來說反而更有幫助，因為傳統方式會讓他們覺得有如大海撈針一般困難。

目前欠缺的技術是連結自己現有的藏書與雲端藏書，也就是必須要找到一種方式向Google證明，你已經擁有某些書籍的實體版本。我可以預見某位發明家進入這個領域，提供一種服務能讓你將收據或影像寄給Google，證明你已擁有某些書。

一旦你證明自己買過某一本書，它將在雲端被解鎖，你無須再破費就能在線上閱讀。事實是：購買新電子書的花費只是我們數位化個人藏書所需的一半，另外一半就是用在數位化已有的藏書。只要有人能解決這個問題，我們將能在有生之年完全變成數位讀者。

我認為Google既聰明過人又極具前瞻性，終有一天它們將擁有我們的個人圖書室。十幾年來，它們已持續地數位化內容，有意將全世界圖書館的館藏都數位化，並儲存在它們的雲端。

我個人一直是知識普及的強力支持者，而且我有一種收藏家的心態。儘管我知道作家群非常不滿Google的所作所為，但我只想對它們說：儘管來吧！

當索尼的第一部電子閱讀器問世時，它相當自豪能載入近百本電子書；第一台Kindle能容納一千本，接下來出的新機種也都會力求大容量，但雲端則是完全解放我們。我覺得雲端技術相當令人驚奇，因為未來它有希望能儲存我們所有的藏書。像Google這類以雲端為運作平台的企業看見這個未來，因而致力於打造更多雲群以擴大儲藏空間。你幾乎能看見鐵鑄高架或機械支柱漂浮在高空中。

這種大量、無止境擴充的雲群看似十分美好，直到你明白它的驚人代價。它有可能代表我們將無法再擁有自己的電子書。

數位產品無法觸碰，它的所有權認證本來就是一道難題。你無法摸到一個或一組位元，但至少能將一本電子書的備份存在硬碟或其他地方，而且很多人都主張應該要這麼做。儘管亞馬遜及其他公司已經把你的電子書備份在它們的雲端上了。在我看來，出版商或零售商若是把事情做絕了，你將毫無機會取回任何一份電子檔案。你若想閱讀某本書，電子書將會用串流的方式一頁一頁地傳給你；閱畢不會有任何痕跡留在你的裝置裡。

畢竟電視節目就是這樣操作。你只能看到透過電波傳給你的內容，這也是影音串流媒體奈飛思、音樂服務商Spotify及潘朵拉（Pandora）的運作方式，甚至連Google圖書的出版品也是這樣。你完全無法存檔一首歌或一部電影，它們都在雲端上，你只能用租賃方式閱覽內容。這種情形可能很快就發生在電子書產業，你只能擁有閱讀權力，無法實際上擁有內容。

這是令人膽寒的想法，而且隱含深遠的暗示，而且我認為，對我們的好處不多。我們似乎倒退至早期的廣電時代，大多數的廣播及電視節目內容僅通過電波傳輸，只有少數的內容能被儲存至錄音帶或錄影帶上。

儘管有此可能，但我認為Google這些企業還是夠聰明，知道先聚焦內容。儘管你能擁有一台功能強大的電子閱讀器，但如果內容有限，電子書發展恐怕也只是曇花一現。你儘管能自豪地在拉斯維加斯年度消費性電子展（Consumer Electronics Show）上亮相最新型裝置，但內容才是長治久安之計，而打造內容需要時間，這是我帶領亞馬遜電子書團隊時學到的經驗，我知道數位化這些書得費時多久。

Google雖然較晚才進入這個市場，但結果尚未明朗。儘管短期內它們的策略似乎仍看不出明顯成效，但它們已清楚定位自己成為下一個閱讀時代的領導者，也就是我說的閱讀二・〇時代。

我小時候很喜歡樣品客廳。那時的家具行大到似乎沒有邊際，內裝一間又一間的樣品展示區。有些是華麗的一九八〇年代風格，有些則是較暖色調、較溫馨。逛進家具行一間又一間的樣品展示區是很美妙的體驗，永無止境的長廊充滿無數個讓你玩桌上遊戲或看電視的機會。

我對樣品客廳的印象最深刻，因為都會看到書架。當然，是架上的書吸引我。怪的是，架上總是擺著那幾本相同的展示書，似乎也看不出背後有何邏輯。這些書都是精裝本，即使只是一間樣品客廳，展示出富裕尊貴的生活方式仍然相當重要。富人家中的圖書室都用皮革裱背精裝書來裝飾牆面，這種做法似乎有種「肯定」的意味，現在回想起來，這些家具行買書的方式應該是秤斤論兩。

現代的家具行愈來愈周到了，甚至會在樣品客廳裡擺放一台紙板做的電腦。但你還是可以看到書架上擺著書，彷彿等主人有一天會回來閱讀它們。當然，主人永遠不會有回來的一天，因為這些家具行只是主婦們找尋靈感的藝廊罷了。但我從來不曾在任何一間家具行的樣品屋裡看到一台電子閱讀器，不管是真的閱讀器或是紙板做的。

積習難改，當書本仍與我們的文化素養息息相關時，我們看待書架的方式也改不了。

我們從藏書豐富的圖書室或畫室裡得到的溫馨感是真實的嗎？或者它只不過是一種被銘刻在骨子裡的文化印記？當我們在火爐前，房間裡僅有一台Nook擺在架上時，我們仍會有相同的溫馨感嗎？顯而易見，這種感覺是來自文化的影響。我們會將貧窮與空無一物的空間聯想在一起，富有則等同有個裝飾豐富的空間。但這種印象可能被改變嗎？我們對於簡樸及極簡風格能有一致性的認同感嗎？借用時尚界常用的一句話，空白有可能成為最新流行的純黑嗎？

我們尚未見到施華洛世奇水晶（Swarovski）打造的Kindle外殼，或喀什米爾（cashmere）製的iPad保護套，但當電子書漸漸打進超級富豪圈時，你很可能會見到鍍金的觸控筆、用阿爾卑斯山或是火星上的石頭製成的Kindle充電器。然而，終有一天我們會懂得欣賞雲端技術的簡樸風潮。如果你的藏書都存在雲端，隨時準備讓你下載，為何還需要將它們全部展示出來呢？

古羅馬智者西塞羅（Cicero）說過，沒有書本的屋子就像是沒有靈魂的軀體。所以當我們開始將書架往車庫移動，或是乾脆賣掉它們，這代表什麼？我們的靈魂開始消逝了嗎？當我們停止堆積這些曾經豐富生命的紙本書籍時，我們的精神生活將變得如何？我們巨大的愛德華時代（Edwardian）桃花心木書架上僅剩一台孤零零的Kindle、索尼的電子閱讀器或蘋果的iPad嗎？

電子書只是諸如電視劇、電影、歌曲等數位商品中的一部分，被展示在用擬物（skeuomophic）、數位模擬做成的iPad書架上。「擬物」是蘋果愛用的設計哲學，講求將實體世界看到的樣子完全複製到數位世界裡，即使那些裝飾在數位世界中毫無意義。例如，在蘋果的iCal上，你能看見人造皮做的筆記本，讓這個數位行事曆看起來像真的一樣。類似的情形也發生在蘋果的iBook應用程式上，你會看到實體世界中木製書架獨具的木紋及節理。

這股電子書風潮讓時尚潮流變得平民化，我們不再需要柚木書架，也不用在自家弄個豪華的書籍展示空間。書架已被雲端上美好的格子鋪取代，在雲端上還可找到CD架、錄影帶陳列櫃、雕花打字機色帶罐及用來沖洗照片的家用暗房。

當然，另一方面來說，書架漸漸被淘汰，這個現象也是壓垮實體書的另一根稻草，好比我們在書中讀到那些在不同時代中一一沒落的貴族們。當屋內見不到書架時，書本也就失去尊貴的地位。事實上，我們全都失去了一些東西。

令人驚訝的是，從文化層面來看，我們似乎不覺得這有什麼關係。你怎麼想呢？

http://jasonmerkoski.com/eb/13.html

14 Google：臉書版的閱讀平台？

我提到閱讀二．〇時代，是一種矽谷人常用的比喻手法，當一款軟體產品首度問世，我們稱為一．〇版、第二度上市則稱為二．〇，依此類推。

閱讀一．〇時代大家都很熟悉：從實體書的封面一路讀到封底的作者簡介。這種閱讀體驗好幾千年都未曾改變，並非是自古騰堡發明印刷術以來才如此。閱讀仍是線性過程、靜態活動。不管你讀的是泥板還是捲軸，只會遵循一種從頭讀到尾的方向。

但現在我們正站在踏進閱讀二．〇時代的門檻，這將會是一場劇變，因為科技發展將讓閱讀不只以線性前進，也不再是靜態活動。

雖然早在一九四五年，麻省理工學院的電腦理論家溫尼瓦．布希（Vannevar Bush）就討論過這種非線性、網絡式的閱讀方式，但是非得等到一九八〇年代晚期至一九九〇年代早期，超文件及網路問世才見到一線曙光，我們才得以在這種型態下，在一本書中或一系列叢書中跳躍式閱讀。

我們現在已經知道，電子書能隨時被改變，作者或出版商只需送出新文字，便能即時更新內容；但更重要的是，這些更新的文字本身可與其他的更新文字形成一個族群，閱讀便因此變成動態活動。

閱讀體驗也有可能變得更具社交性。電子書能讓你與其他讀者互動。你閱讀實體書時，不可能知道誰也正在閱讀同一本書，隨後便呼叫他們，發送推文與他們分享你最愛的情節與段落，但你能在電子書上這樣做。

Google讓所有書籍內容互相連結，可能開創出閱讀二．〇時代。它們可能會採取幾種做法，但我希望能建議它們採用我的想法進行，即我所謂「臉書版的閱讀平台」（the Facebook for Books）。

你等著看，我相信，終有一天全世界會僅存一本書，不管電子書或實體書，最終都只是這一本書的一部分。沒有任何一本書能單獨存在，即使像《失落的符號》這種虛構小說也會提及外部參考資料。所有的書將盤根錯節地集結在一起，如同超連結一般。

未來只會僅存一本書，涵蓋所有書籍的巨大讀物。我把它稱為「臉書版的閱讀平台」。

當你閱讀任何一本書，只要按下一個連結，都能無縫連結到另一本書的內容。連結的另一端可能是書目，或讀者自行注釋某一本啟發原書作家的著作。你將會被帶入另一本書的內容，但只要輕點兩次就能回到原來的書裡。你可以稱之為書籍的社群網路。

落實這個概念就得先數位化足夠數量的書籍。這是一種加乘的網路效應。內容愈多，書籍彼此的連結程度就會增強，網絡就會交織得更緊密、更複雜。一個小型網路只會有幾本書及一些連結存在，但豐沛的網路則帶來更多連結，而這又會使得整張拼圖更完整，將有更多機會看到書籍創作彼此影響或相互關聯的樣貌，最終，讀者點擊這些連結就能得到更有趣的閱讀體驗。

你身為讀者，只需點擊一下，就可以更深入理解書中探討的主題，並能見到其他作家的看法，即使有時候彼此的看法相互矛盾。這些資訊都可以幫助你更透徹理解整本書。這種深入連結可以讓你在閱讀內容時即刻目睹作家之間的辯論，而你本身就是判斷輸贏的裁判。這些通常被我們忽略的超連結將使得這一切成真。我深信，在二十世紀就面世的超連結來得太早，我們至今仍無法徹底發揮它的功能。

Google是目前最有可能擔綱重任的企業，它們了解搜尋引擎，也知道如何持續處理所有書籍內容以產生超連結，因此能完善、即時整合所有書籍的參考資料。

有些書會向另一本書致敬，有些作家則會向另一位作家致意，我們已經可以在科學期刊及非小說類書籍的索引及注釋上看到超連結，但是這些只是標籤而已，稱不上是堪用的超連結。雖然目前你還無法點擊電子書上的書目詞條並直接連結，但這些參考書目及注釋可以為聯繫群書的超連結打底。

但有時候這些連結帶有隱含意義。例如，如果沒有莎士比亞或《欽定本聖經》（King James Bible），即使連威廉・福克納（William Faulkner）這般偉大作家的作品也是一文不值。事實上，書裡存有豐富的文化及文學參考資料，以這本書為例，我要向柯立芝、《星際大爭霸》、薩繆爾・貝克特（Samual Beckett）、蘇格拉底（Socrates）、尼爾・史帝芬森及許許多多其他人致意。

然而，如我所說，最終只會剩下一本涵蓋所有人類文化的書，自由遊走在不同書本之間是有可能發生的事，這個機會終將來到。例如，我在前面章節提到Kindle的產品名稱和型號來自於尼爾・史帝芬森所著的《鑽石年代》，就在此時此地，讀者應該要能無縫轉向閱讀那本書。畢竟這就是網路瀏覽的基本功能。如果一本書夠吸引人，讀者短暫瀏覽其他書籍後，自然會回到原來那本書上。我希望這本書也是這樣。

不僅是所有書籍終將連結在一起，所有文化亦然。從這本書設立連結到相關的某一集《星際大爭霸》是有可能的做法，不然至少要能連結到與你目前正在閱讀的內容相關的某個片段。應該要有個能涵蓋所有媒體的超文件網絡存在，這樣讀者就能盡情地從一本書跳到一部電影或一本漫畫，然後再跳回原本的書上。因為全世界只存在一本書，而且涵蓋所有人類文化。且容我這麼說，這是一本絕妙好書，但內容多到一輩子都不可能讀完。

這「一本書」是我們這些讀者所樂見的結果，但蘋果或亞馬遜這類零售商恐怕會阻止這件事發生，特別是當零售商發現，光靠販售這世上唯一書冊，利潤要比單獨賣書來得低；出版商恐怕也會反對，因為它們可不願意自家的書和其他出版商的書互相連結。

這是因為出版商很在乎它們的品牌，但老實說，這一點早已不重要了。你現在會想要買一本藍燈書屋或哈潑柯林斯出版的書嗎？你逛書店時，品牌會是你選書的依據嗎？當然不是。你會找一本自己感興趣的書、心儀作家的著作、某一項你目前想探究的主題或某一種類型的書，哪一家出版社通常無關緊要。我預見，這世界唯一書冊將能讓我們在書海中盡情探索。

§

我所描述的閱讀二・〇時代，將能讓你與書籍及其他讀者進行對話。例如，假如你是

《哈利波特》（*Harry Potter*）迷，而且早就讀完整套哈利波特系列，但你還是很想看到新作品問世。倘若此時你能繼續閱讀哈利與佛地魔（Voldemort）之間的進展會如何？閱讀二・〇時代的一項重要特色就是讓你繼續閱讀其他書迷撰寫的同人小說（fan fiction），或是探討《哈利波特》系列對文化有何意義的重要論文。只要所有書都能連結成一體，瞬間就能呈現在你眼前。

所有書籍會被連結成一本巨大的網路著作，就像全球資訊網的頁面一般。被網路連結在一起的書本能互通有無，書中探討的概念能被參照、連結或評論。這些評論及其他讀者的閱讀路徑都會被保存下來，你也許能因此看到某人培養出一種有趣的閱讀習慣，然後你會照著他的路徑走，好比我們現在會訂閱某人的部落格文章一樣。

就像YouTube上的熱門人物或最新潮流的影音部落格一般，你或許也會想要追蹤某位線上書籍專家，或是某位搖滾巨星等級的讀者。讀者本身就可以成為經紀人或星探，留下你在茫茫書海中遊走的足跡。我們可以循著任一位讀者留下的足跡前進，它們就像是銅礦脈，甚至是金礦脈。

Google終將會從這些書籍中找到獲利之道。不管你是否真從口袋裡掏錢，它們已經從你身上賺了不少錢。對Google來說，你可是資料金礦，它們早就將你的歷史瀏覽紀錄、聊天內容，還有你從Gmail接收、發送的每封信件內容進行資料採勘；它們會替你及其他每個人製作一份基因組，然後，無可避免地，它們將把這些資料用在兜售廣告上，畢竟這可是Google獲利的主要來源。

但如果說，老大哥〔Big Brother，譯注：作者借用《一九八四》（*Nineteen Eighty-Four*）的名言：「老大哥正看著你」（Big Brother is watching you）來比喻，活在網路世界就像活在極權或獨裁政府監控的世界〕只是廣告商，而非政客，而且它的大名叫Google，你對此不以為意，而且也願意成為體驗未來的早期採用者，那麼你或許該給Google一個機會，因為閱讀的未來屬於閱讀二·〇時代，儘管我們現在很難具體想像，但Google似乎是現今最有資格開創這個未來的企業。

不只是因為Google現有的電子書數量已與蘋果、亞馬遜及其他零售商不相上下，而且根據一份Google最近上呈的法庭書面證詞指出，Google圖書計畫已掃描一千兩百萬本書，而且平均一天可增加五千本。Google數位化的人類文化超過任何零售商及圖書館總和，但一談到打造藏量豐沛的書籍網路時，內容的廣度及深度將是關鍵。

身為讀者的你將是最大贏家。

你將能置身一個永無止境、書本看到飽的世界，隨手取得任何一本想閱讀的書，而且能悠然遊走在不同書本之間。當今電子書裡唯一能連結文本的網站只有字典或維基百科所覆蓋的範圍，這些是很棒的起點，只是仍不足以涵蓋所有人類豐富的藝術、創作及想像。你將能一次把所有書籍囊括在眼前，而且，如果還是透過Google達成，你可能一毛都不用花，只除了要忍受每頁文字底下一定逃不過的礙眼廣告。

書籤：探索群書

你如何決定，下一本書要讀哪一本？

一項比隨意瀏覽更好的推薦工具很可能即將出現，它的基本原理會類似奈飛思使用的推薦引擎。這些設計精良的引擎可以讓你依照自己的習慣選片，並在你挑出的電影與其他客戶選出的電影之間取得一個平均數，然後再混合這些觀賞習慣，之後為你列出一張影片推薦名單。這種做法也將在電子書出現，但願這些推薦引擎的精準度能與那些二手書店的服務專家不相上下，他們總能透過閒聊得知你的喜好，推薦你最對味的書。

有些像「好讀」及「圖書館大小事」（LibraryThing）這類書籍推薦服務提供商，則是使用個人撰寫的書評當作推薦基礎，但這種方式有一個大缺點：行銷預算雄厚的書總是能得到最多評論，而舊書或宣傳較少的書籍則否。舊書並不代表毫無閱讀價值，但如果一本書的評論則數不多，大都暗示不值一讀。這種結果或許大錯特錯。一個真正公正客觀的書籍推薦引擎應該要能自動評論所有書籍，給予我的愛書之一《航向大角星》（*A Voyage to Arcturus*）與《格雷的五十道陰影》同樣等級的關注。

這種書籍推薦系統應該以書本的內容當作評價基礎，這將使得選書過程民主化、讓內容決定一切。它將讓被忽視的好書重見天日、讓宣傳過度的書回歸原來的位子。

藉著一套完全民主的書籍推薦系統，尋找某種特定內容的讀者將能依靠演算法找到那顆隱藏的璞玉。這套系統分析的內容會包括作家的寫作風格、性別及時代；包括書中出現的圖表、方程式或提過的地名；包括使用的文字，或形容詞與名詞的使用比率；包括諸如「的」、「對」及「在」等字眼出現的比率；包括句子的長度、段落數量；包括從屬子句及虛懸分詞；包括附註及標點符號；包括髒話、顏色及大寫字；包括對話的數量及破折號使用量；包括閱讀年級指數及文字量；包括主角人物及主要情節；包括注釋及斷句；包括頭韻、齒擦音、韻腳及修辭；最後還包括被量化的個人主觀讀後感。

企業若想成功達成以上所述目標，必須將這套系統視為電腦科學中一道深奧、可能無解的難題，因為，這等於是得先教會一台電腦閱讀！

客觀的書籍推薦引擎終有問世的一天，而且會廣受歡迎，一幫新興的出版相關業者也將順勢出現。電子書革命已經孕育出一大批初創企業，有些志在提供更美好的電子書閱讀體驗，有些則致力在注釋上；有些採用訂閱的方式銷售，有些則是用連載的方式。我們在這個快速革命變遷的時代依然安居，就如同伯吉斯頁岩生成的時代一般。

我是可以列出一些電子書初創企業的名字，但我的這本書出版時，它們大部分應該也都歇業了。這些電子書初創企業的數量及多樣化總讓我感到驚訝，我就像是活在寒武紀的播報員，一一指出那些在海底走跳的生物，這隻有毒牙、那隻有十隻眼睛，另外那隻看起來就像是一條蠕動的舌頭。牠們在泥上移動的速度快到我來不及報出牠們的名字。我只能嘖嘖稱奇演化進展如此多樣化、這些天才充滿創意，而且他們背後那些天使創投家口袋深不見底。

有哪些公司可能生存下來呢？有誰能一直待到這場革命結束呢？這當中是否有你最喜歡的公司？或是任何你正在關注的對象？

http://jasonmerkoski.com/eb/14.html

15

全球化

我們都是亞馬遜裡的叛亂之徒和不法分子。這裡是淘金地。

我想這個比喻再貼切不過，因為亞馬遜原本就根源於西北太平洋地區，即西北野大荒地區。回溯一八九〇年代，西北部散見可能是伐木或採礦的城鎮，有些真能因此致富。採礦或伐木榮景乍現，人們就從全球各地蜂擁而至。突然間，當夜幕低垂，酒吧紛紛打烊，再也不會只見十來名探礦人在街上閒晃，還會有律師、會計師的身影，當然，妓女也不會缺席，大家都聽聞數不清的發財夢，都想分一杯羹。

西雅圖曾是通往淘金地的門戶，現在你駕車駛過舊城區的老街，依然看得出往日繁華，像是石磚建築壁上的記號意指百年前的探礦人；也有記號是代表備貨店家，淘金客啟程進入育空之前，可以在這裡採購睡袋、硬口糧、乾肉餅和篩金盤等用具。

這場淘金熱一路前行遠超過育空領地，現正朝著讓電子書脫離僅能閱讀西方語言的限制，不久後你會看到，中文和日文內容也能在電子閱讀器妥善編排。目前電子閱讀器專為英語讀者設計，所以想為其他語言的讀者創造美好體驗，還得下很多工夫，這便是為何蘋果、亞馬遜和其他業者正在全球各地建立前哨站，包括中東、拉丁美洲、歐洲和澳洲。每家企業都決心要趕在其他對手之前，成為電子書和數位裝置領域的頂級玩家。

世紀之戰已經端上矽谷各家企業會議桌的檯面上，任何人只要擁有任何電子書和數位內容股份，都在規劃國際擴張的腳步。索尼再次一馬當先，當時他們在英國、德國與其他歐洲國家推出自製的電子閱讀器，比亞馬遜早了整整一年。但亞馬遜迎頭趕上，推出英國專用版及全球版Kindle，幾乎可以在每個提供3G網路的國家使用，甚至是海上郵輪。

索尼和亞馬遜所採取的全球做法有個缺陷：它們的裝置仍以英語為中心。所有表單、瀏覽項目與使用者介面都是英文寫成，導致產品在其他語言市場的銷售受限。平板電腦就國際化得多，因為沒有需為個別語言客製化的硬體鍵盤。

我們將逐字讓電子書與內容國際化，就像當年將實體書電子化一樣。

古騰堡印刷《聖經》終致傾家蕩產，金主因而收回設備、工作室就此傾塌，法律訴訟和損失接連而來，他的工人也走投無路，只能轉往歐洲他處。第一本書附梓五十年後，德國、荷蘭、義大利、波蘭、西班牙、瑞典、法國和英國紛紛冒出印刷媒體。印刷機在成千上百個城鎮開枝散葉。

十六世紀，隨著印刷機傳遍歐洲，它們還會互通有無、彼此截長補短，很像當今矽谷的高科技員工。矽谷不僅是擁有渾然天成的氛圍，像是陽光明媚的氣候、紅酒和羽毛球場，所以如此成功。這樣想就錯了，所有的高科技員工就像在花叢飛來鑽去的蜜蜂，每個人都帶著想法迅速地交叉授粉。

我看到同樣的異花授粉已在電子書世界發生；我看到紐約書商的高階主管飛到西雅圖與矽谷；我看到蘋果員工進了Kindle團隊、Kindle員工去了索尼，而索尼員工則是把點子花粉傳送到更遠的地方，整個生態就像是近親亂倫、異體受精。現在，各家都已推出電子書，再也沒有什麼祕密可言。你往後會看到更優質、更出色的產品，或許也更人性化。

十六世紀的富人讀者出於某種信念，拒絕閱讀印刷書。他們看不起這種書，因為看起來少了一絲抄寫員的人味；而且認為印刷書的感覺比起抄寫員每個字都大小不一的自然天成，實在太機械化；他們不喜歡印刷書的規律性或精確度，發現它不夠真實自然。雖然印刷書比手抄書便宜，卻因為備受蔑視，以至於印刷商還刻意推出一些有缺陷的字體，動手修改它們，好讓整本書的排版看起來不那麼規律、完美。

這是聰明的創新手法，如果十六世紀曾發明核磁共振造影機（ＭＲＩ），很可能會讓他們見識我們現在學到了什麼：一本手抄書裡字體與字跡所透露出的細微差異，實際上更有益閱讀記憶力。那是因為，為了解疑，大腦暫停、眼睛轉動的次數都會變多，好讓大腦忙著記住字義時，有更多時間處理資訊。

但正如我們所知，手抄書為期不久，你的圖書室裡有幾本手抄書？沒半本？我想也是。下個世代的普通家庭中，你預期幾戶人家書架上有傳統印刷書？沒半本？一點也沒錯。印刷書大方將舞台讓給數位書，將反映出當年手抄書讓位給印刷書。

在原始的印刷革命中，電子書是第二波浪潮，而且比古騰堡所掀起的原始浪潮更大。如果順利，這是一場足以集大成的浪潮。電子書這種體驗式產品可以涵蓋圖像、影音、遊戲與社群網路對話，是印刷書望塵莫及的能力。

不僅如此，第二波閱讀浪潮更可以降低文化障礙，好比語言本身。在電子書的終極想像中，極可能一本書自動轉譯成多國語言。同理，所有評論也將自動轉譯成同一種語言，讓你和某一名同時讀到這本書的埃及或西班牙愛書人即時交談，無須擔心語言障礙。

但是，首先我們需要優質的語言翻譯服務。

縱觀全球，大約有六千九百種現存語言，至少觀察世界還有很多獨特方式。

語言就像是益智遊戲盒，我們透過口語所顯現的行為其實僅表達思想的百分之一。我們從一個點子跳躍到另一個點子，幾乎不會多想，但即使我們想出幾百個，卻往往只能表達出一個。這就是對話與書籍充滿樂趣之處，因為全與翻譯、口譯、發掘及從益智遊戲盒創造意義有關。

差別在於，語言不是布滿灰塵、嵌有可滑式蓋板的中國骨董盒，每一分鐘都有新字產生與使用，而且當它們出現在每個句子時都得重新詮釋。語句未能傳達的意思很多，因此得要盡力釐清然後重組。這道過程常出差錯，可能是因為講者只是在開玩笑，或者用了俏皮語或雙關語，也或許是因為聽者誤解他／她所讀到或聽見的意思。

考慮到溝通一句話所有出包的可能後，更別提整本書了，書籍能被翻譯實屬奇蹟。事實上，沒有翻譯完美無瑕。任何經驗老到的譯者都會深入閱讀一本書，試圖理解後才重新改寫。無可避免，雖然不同的細微處理手法會影響最終的翻譯成果，因為每一名譯者對文本的詮釋不同。這是翻譯之所以迷人的部分原因。每一名譯者都會透過自己的人生水晶球隱隱反映出文本意義。

有些翻譯比原版書更廣為閱讀，文化影響更大。例如，一六〇四年至一六一一年之間，原版《聖經》被翻譯成莎士比亞年代的通用英文，依據當時英國國王之名取為《欽定本聖經》。其中的詞彙我們仍大量使用並轉化成短語，像是「心碎」或「滄海一粟」或甚至「兵敗如山倒」，但是這些用字當然從未以這種型態出現在原來的希臘文和拉丁文中。

這個版本的《聖經》影響了許多作家，從約翰・米爾頓（John Milton）到威廉・福克納。有個委員會字斟句酌《欽定本聖經》，他們是一群無償卻全心投入的志工，視這項工作為「愛的結晶」；他們可能從未觀點一致、意見相同，卻願意「不辭辛勞、多走一哩路」，將《聖經》打造成簡易、親民的版本。

但是我們現在置身數位世界。二〇〇九年以來，每年個人出版的書都比傳統書商多。根據美國書市交易組織「鮑克」（Bowker），光是二〇一一年，幾乎就有十五萬本個人出版的新書塞滿書市，這個數量遠遠超過人類翻譯的極限了。我們不應該仰仗譯者，對嗎？或許我們的經驗已經夠老到，足以讓翻譯自動以數位化方式完成。

例如，Google已經提供一種翻譯方式，可以把特定電子書翻譯成你所選擇的語言。我想看到自動書本翻譯可以多精準，所以做了一場實驗，我取本書裡一段文字，用Google翻譯服務轉譯成中文，然後再重新轉譯成英文。例如，當我將「Languages are puzzle boxes」（語言是益智遊戲盒）翻譯成中文，然後再轉譯成英文，我得到「Languages are mystery boxes, old conundrum boxes」（語言是神祕盒子，老舊的謎語盒子）。我想確定成功率，於是我算了一下正確用字的字數，用總字數減去正確用字的字數。因為我們會翻譯兩次，所以我再除以二。

我用這種方式測試幾種不同語言，忠於原文的分數依序是德文八三%，日文六五%，其餘一般是七五%。喜歡挖苦的人會說，這項結果只能證明我的寫作風格比較德式，而非日式，但我會把它解釋成，平均來說，就一本複雜度和這本相當的書而言，翻譯成任何語言約有四分之三夠水準。

自動翻譯的門檻何在？蘋果的虛擬助理Siri似乎號稱成功率有八六%，但是大家還是抱怨連連，所以很顯然，我們還得等上好幾年，才能見到真正自動化的電子書翻譯面世，屆時我們才能實現上述閱讀的全球願景。即使Google提供的自動翻譯已是電子書閱讀體驗的一部分，但就是不夠完善。不過很快地，我想或許是「須臾之間」，自動翻譯的品質就會突飛猛進到前所未有的好，堪與經驗老到的人類譯者並駕齊驅。

當然，有關未來的大事就是，我們無以預料。或許像Google這樣的電子書創新者會打造一座全新的巴別塔（Tower of Babel），但卻是重建在所有的文化廢墟之上。全新的巴別塔可能會是一座從爛地升起，沒有窗戶的水泥建築，裡面藏著Google的雲端資料庫。Google已經做好精進翻譯軟體與專業的準備了。

光是想像Google可以在廢墟中重建全新的巴別塔，是不是就算想太多？一次人機驗證

（captcha）就好？（人機驗證就是你在網站上驗證身分時必須輸入的奇形怪狀符號。通常是一、兩個扭曲的英文字。）多數你在網路上看到的人機驗證來自Google，用來修復電子書內容轉譯錯誤之處。每次你在網路上驗證時，等於是幫Google破譯百萬本書裡的一、兩個字。

我是技術工作者，對於未來可以完善自動破譯任何一本書感到樂觀。我其實覺得很驚人，因為等於是為我開發了一組新作家！對出版商而言，這些作家不具備他們願意花錢翻譯的商業重要價值，我卻想拜讀他們的大作。

書籤：字典

如我們所知，字典是時代下一種文化靜態描述，由一幫老男人在英國牛津的象牙塔裡定義而成。不過，象牙塔已搖搖欲墜，即將被線上字典Wordnik與UrbanDictionary取代。

根據我的經驗，企業執行長是熱中報表、言語粗鄙、只看獲利的生意人，但創辦人大都有人性、有靈性，就像Wordnik創辦人愛琳・麥肯（Erin McKean）這種人。她非常討人喜歡，我懷疑她這一生是否抱持過任何負面想法。她的名片上還印著一顆紅心，我的老天爺。

麥肯曾是牛津字典的主編，後來開展一份創造情境式詞典的事業，即運用內容所提示的線索，快速在網路、書籍與雜誌中大量淘選出字彙，找出它們在文章脈絡中的真正涵義。

目前的陽春或加強版電子閱讀器通常會內嵌字典，好讓你查詢，這真是滿可怕的。當我閱讀實體書時，就很懷念這項功能。近來，我常發現自己想點一下實體書頁，查詢某個單字的意義。

我的電子閱讀器若能內嵌一部字典，那就不得了了，它會讓閱讀體驗一天比一天嗨。當這些具有全新網絡功能的字典在旁闡明關係，你閱讀時就能明瞭其中的文化意涵了。

例如，想像一下，你正在閱讀一八九〇年代的福爾摩斯偵探小說，如果有一部可以貼切說明文化意涵的維多利亞時代（Victorian）字典，詳述一八九〇年代的俚語和名稱，那該有多美好，它會幫你更融入書中劇情，發掘神祕的面向。

某些出版商開始在加強版電子書裡內建為數不多的字彙，這些互動式字彙無縫整合到內文中，當讀者的手指移到某個陌生字眼或短句時，字義就會彈跳出來。隨著愈來愈多書籍數位化，演算法就會開始挖掘文本，建立俚語和名稱及其他與文化相關的參考資料，並在最低限度干擾的情況下自動將它們組合成類字典功能的資源，以供你閱讀時參考。

這純粹是個構想，往後字典將不再是丹尼爾・韋伯斯特（Daniel Webster）這樣白髮銀鬚的老頭子搞出來的成品，他們忙著編排索引卡，以符合某人預想的字典內容，數十年如一日。反之，未來將先有文化，才跟著有字典，而且內容愈被廣泛使用就會愈完善、擴充性愈強。

我可以看到像麥肯這種人在玩什麼點子，我期待，未來幾年這些動態的線上字典會取代當今內嵌在電子閱讀器裡的字典；我也期待，終有一天這樣的字典能讓你閱讀時一窺作者的意向，思緒自由進出iPad閃亮亮的螢幕。

但你真的會使用這種字典嗎？或許你覺得字典已經阻礙你的閱讀體驗，寧可不受打擾地享受優游在作者的文字之間的感覺；或者你覺得這種字典太誇張了，我們語言中的基本字彙用來清楚表達意見已綽綽有餘。

xkcd.com網站上有一篇文章提出一項土星五號火箭計畫，但其中描述零件的上千個用字都是最常用的英語字彙。出人意料的是，內容極有可讀性。通篇沒有用到火箭這個名詞，圖說就只寫著：「這裡會冒火」，同理，機組人員的艙房是「人裝在這裡」。真是天才到家了。你只要在線上搜尋「土星五號、前一千字」，就可看到無比壯觀的完整計畫。

你在瀏覽網站時，請讓我知道，你覺得字典和文字的未來將是何種面貌。

http://jasonmerkoski.com/eb/15.html

16 語言變遷：「當四月帶來它那甘美的驟雨……」

今天，語變快了。想你能趕上嗎？當沒。無功，你在超困時代。:(

我們的語言日新月異，詞典編纂人都紛紛跳出自己的象牙塔。英語再也不是被一支編輯團隊所控管，他們就在梅里安—韋伯斯特公司（Merriam-Webster, Inc.）簡樸的辦公室裡、他們就是《牛津英語字典》（*Oxford English Dictionary*）。相信我，我就是知道。我到過他們的辦公室拜會編輯，英語的精神已經逸散、英語是正在進行式，從此無拘無束。

以前新字彙有時候得等上幾十年才會慢慢被排入字表中，但現在的速度已經比發簡訊還快了。嚴格來說，我們甚至會看到一些不成字彙的字眼。像是嫩B（n00b，譯注：原文為newbie，意指新手，含有貶義）和蝦米（w00t，譯注：用來表達高興或驚訝的感嘆詞，常用於網路上），都是一種駭客文（leetspeak，譯注：將大眾傳統使用的語言文字，在維持原意的前提下，用一些特定的規則改寫為另一種文字。中文也有類似的拆字或火星文，例如將「豬頭」改寫為「豕者豆頁」），網路俚語現在已經躍為主流了。二〇一二年有一項估計表明，英語每年新產生八千五百個新字彙，多數都是產品名，像是推特或iPad。

未來的語言將是何種面貌？是某種字母混合數字的奇怪組合嗎？擴充的美國資訊交換標準碼（extended ASCII）字元集會像華麗技巧的琶音一樣，讓新字彙更優美嗎？我們會在嚴肅作品中看到點綴著笑臉的表情符號嗎？青少年一來一往互發訊息，並在網路上公開直播，有可能寫出一部偉大的美國小說嗎？

語言的變化有根本性，而且勢不可免，而電子書正在加速這道變革。例如，電子書個人出版讓新字彙比以前更快載入字典中，這是因為個人出版的電子書通常只由作者自己編輯，而非傳統出版社編輯，這是主要出版商編輯流程的變動。來自街頭文化或網路次文化的新字彙不受警醒的編輯監督，有時候會滲入個人出版的電子書，順勢進入語言體系並實現主流地位。

但無須杞人憂天。

你看，電子書會加速語言迅速變化，還會幫助它轉型。但讓我暫時打住，舉個例子解釋語言變化。

最近，我去醫院探望開刀的朋友，她剛從麻醉狀態中醒過來，我有點擔心，因為總有極小的機率病人意外在麻醉中撒手人寰。她在手術結束後好一陣子才終於醒來。當她悠悠醒來，我問她感覺還好嗎，結果她的回答在我聽來就像是，呃，胡言亂語。

我擔心得要命，以為她在說什麼火星語，或是腦子壞了，所以我請她再說一遍。她照辦了，而且還放慢速度，只不過還是像外星語。我差點衝去找護士時，她才慢慢解釋自己在複述喬叟（Geoffrey Chaucer）的《坎特伯里故事集》（*Canterbury Tales*）序詩：

當四月帶來它那甘美的驟雨
滲入了三月乾旱的鬚根

她從小就記住這段開場白，現在琅琅背誦以證明麻醉後記憶力完全無傷。

我聽不出來她說的是中世紀英語，頗感詫異，因為我認得現代英語，甚至也研究過盎格魯—撒克遜（Anglo-Saxon）英語，但就是聽不懂她在說什麼。喬叟和我們之間橫跨了幾個世紀，對著門外漢講方言，根本就是鴨子聽雷；我也高度懷疑喬叟聽得懂我們使用的英語，雖然他肯定會很著迷。

喬叟堪稱當代古騰堡，自他的年代以降，英語已經徹底改變、大幅擴張。文藝復興帶進希臘—拉丁語系詞彙，我們可以選擇想要自己講話聽起來是做作還是聰明；我們可以模糊費解還是欲言又止；我們可以推敲或思考。舊式帶有德語意味的英文單字如「欲言又止」和「思考」，沿用至今，但也可以用誇張（grandiloquent）的字眼，這個字本身就有誇張意味。不僅如此，一九五〇年代起，還有品牌名稱做動詞用的情形暴增，像是，喬叟一定聽不懂怎樣複印（xerox）簡報檔案，他可能會抗議你幹麼講方言。

不只是文字本身起變化，文體亦然。

英語聽起來有一種節奏輕快、唱歌般的特質，抑揚頓挫，好似漂浮在浪上。你也可以在寫作中看得到，但簡訊與商業演說都感受不到。

我在亞馬遜參加過數不清的深潛會議，讀了大量的業務需求文件，如果把它們疊起來，應該會刺到上帝的雙眼吧。這些文件邏輯清楚、有效率，而且詳細，但英語本身的靈魂和火花付之闕如。這實在很諷刺，因為這些文件就是要用來開發Kindle、重塑閱讀。

簡訊與企業文件所使用的語言僅是書寫英語正在改變的兩個小例子，文體毫無抑揚頓挫之感。它們實事求是，充分顯示英語如何順應改變。文字精簡至基本意涵，文句結構也講究商業化，以便清楚、明確地傳達信息，就像我們編寫電腦程式，或讓自己變得機械化一樣。

同理，不只是語言的書寫形式在改變。有人說，書寫內容也面目一新。我們的文化強調逆向思考現有事實，並一再循環往復，但我們批判探究的精神卻漸漸消逝。尼可拉斯・卡爾（Nicholas Carr）在《網路讓我們變笨？：數位科技正在改變我們的大腦、思考與閱讀行為》（*The Shallows: What the Internet Is Doing to Our Brains*）中一針見血指出，彈指就能連上維基百科和Google，似乎讓我們更輕易快速找到答案與公開的發言片段，卻因而失去批判探究的能力，即透過書籍這類原始資料的素材，深入主旨並形成自己的意見。如果事實無法彈指可得，或不在Google搜尋前十項結論，我們就放棄。

電子書讓資訊唾手可得，在重新鼓舞我們培養批判思維能力也扮演著莫大作用，但沒有人公開讓當今電子書的文本可以在線上檢索，一旦Google、亞馬遜或其他網路零售商將電子書編入索引，並越過付費牆的保護機制，讓它們出現在網路搜尋結果列表，便是文化覺醒的時刻到了。我們手指滑一滑便將擁有原汁原味、不受維基編輯左右的第一手知識。在這天來臨前，我們的電子書還遠遠不成氣候，即使它們已經近在指尖。

目前，內容都埋沒在電子書裡，而且通常只有公領域的書籍才會完全開放文本供網路檢索，這意味著，書籍雖是我們最重要的知識和靈感，卻未能與我們線上對談，唯獨至少落後九十年的公領域電子書是例外。社會習俗已經漸漸更迭，例如，我們不太用「猝暴」指涉突然。許多可搜尋到的電子書內容目前無關文化，是因為都被掩藏起來了。

我們阻擋電子書內容呈現在網路搜尋結果中，因而錯過一些重要資訊，其中以紀實文學為最。即使報紙與雜誌出版商學聰明，知道要把內容放上顯著的網路空間，但書商猶做困獸之鬥。來一道長江後浪才能促成變革，即一道足以推倒前浪的定價模式。就我來看，這種結局既可悲又短視，因為我們無法從專業精英的著作中得到專業事實，只會從特定的網路搜尋過程中取得錯誤資訊和新手淺見。

例如，「健身時服用肌酸粉（creatine powder）有益健康嗎？」或「懷孕時可以攝取咖啡因嗎？」一九二〇年代，尚無公領域的自助類書籍可以提供這類問題的答案，因為「肌酸粉」或「咖啡因」根本就還沒個影。但是，數以百計的聊天室和論壇都瘋狂轉發不專業的答案。出版商可能會主張，這種資訊很珍貴，我應該趕快買一本拜讀。沒錯，但我怎樣才知道要買哪一本？如果電子書在網路上普遍可尋，我至少會知道要買哪一本。但現在的狀況卻讓我毫無頭緒。

不過我不太擔心，終究時間會改變這一切，正如語言本身會與時俱進。出版商會鬆懈反對立場，在網路上開放內容搜尋，像亞馬遜與Google這類零售商很快就會跟進啟用這項功能。屆時我們就能和時時刻刻念念不忘的文字重逢了。

我正式進入亞馬遜工作前一個月，人在堪薩斯城，這裡是「重槌印刷」（Hammerpress）的家鄉。這家公司生產很棒的老式復刻印刷機，也是充滿活力的堪薩斯城區藝術一環。夏季時，每月的第一個週五所有街道都擠滿烤肉與冰淇淋攤，藝術品店家與工作室敞開大門歡迎你與藝術家交流。

我在那裡時，「重槌印刷」還出產書籤。這些美麗的厚紙卡沿用黑色與金色墨水印刷舊時代的西部字體、月亮與太陽的裝飾標誌以及墓石。即使我覺得書籤就像名片一樣是老梗了，當我閱讀實體書，還是會用到它們。

讓人傷心的是，我沒有這麼精心設計的數位書籤可用。事實上，我根本懶得用數位書籤。當我關上Nook電子書，幾小時或幾天後打開來繼續讀，這台設備記得我停留在哪裡，所以根本不需要用到書籤。儘管如此，如果我想做個數位書籤，當然還是自己動手，你看到螢幕右上角的捲頁設計了吧。

雖然沒有所謂的個人化數位書籤，但你還是可能會說，這種書籤只是印刷世界的噱頭，不過是業務員兜售你種種附加配件的商機之一，閱讀時其實根本完全用不到。「重槌印刷」還是會經營得有聲有色，他們為優拉糖果樂團（Yo La Tengo）這些樂團製作音樂海報，卻不會因此就有損書籤生意。我不知道還有哪一家公司也這麼做。它是一顆會為了實體書籤消亡而潸然淚下的敏感心靈。

隨著科技日新月異，這種消亡永遠都在上演。我得承認，身為愛書骨董家與收藏者，我對這些老技術凋零很敏感。儘管我想在充氣管裡放一封情書，然後傳給我的女朋友，但我知道這麼做很傻氣，所以乾脆改寫電子郵件了。

不過，低調的書籤可以重新注入新活力與新生命力。與其借用舊式印刷機比喻書頁邊邊的捲角，何不重新發明書籤呢？何不立即把它視為可活用的數位產品呢？如果書籤的目的是提醒你，某本書的閱讀進度暫停在何處，那就放大它的目的吧，讓它集其他提醒你的工具、代辦清單和行事曆於一身吧。賦予這張書籤一份個性，讓它為自己說話、讓它提醒你所有的約會。

賦予它聲音和個性，半夜時當你沉浸在閱讀中，讓它建議你，該是把Nook擱在一旁，準備睡覺了。我們談到書頁邊緣像狗耳朵似地捲起來，何不把這個書籤當作忠心耿耿的小狗，讓它跟隨在你的數位生活左右；讓它也可以在你的瀏覽器上頭標註頁面；讓它隨興所至地為你找回新資訊，而且和你正在閱讀的書本或網站相差無幾。讓你的書籤學習並接受你的個人需求與習慣，你將會發現，生活中有一位同伴常相左右，當你閱讀、周遊文字冒險王國時總是形影不離。

但現在有個問題，你會用這類數位書籤嗎？你相信它會幫你找到雋永的文字嗎？你甚至會想要你的電子閱讀器在你不知情時祕密幫你下決定嗎？

http://jasonmerkoski.com/eb/16.html

17 教育：紙本或數位？

電子書革命最終目的是文化變革，是數位圖書對我們的文明、對你與未來世代有何影響。數位圖書是一種會改變我們閱讀與吸收資訊及想法的改善手段和進步方式嗎？還是說，印刷形式更合我們的胃口，抱著布滿塵埃的書過一生？

當然，兩者的答案都是肯定的。

§

數位圖書是我們最接近柏拉圖（Plato）理想世界的型態。它們完美無暇，每次下載到新設備後，就像科幻電視影集《星際大爭霸》裡的賽隆人重生一般。正因如此，數位圖書非常適合學校使用。電子書絕不會搞丟或污損，如果學童打了一場食物混戰，它成了倒楣受害者，或是學生寫完家庭作業，卻被傳說中的餓狗給吃了，學校也不需要更換新書。如果狗有能耐把電子書吞下肚，你很難責怪牠這麼厲害。

兒童天生就有很強的適應性，姑且不談幾近失明的人，我從沒看過學齡兒童無法進入電子書的世界。我們這些成人或許更寧可像蘇格拉底一樣墨守成規，但相信我，我們大家都能「進入」電子書世界。只要你投入書香世界，我們的大腦對閱讀就不再有障礙了。如果你說真的有障礙、如果你真的覺得無法走入電子書世界，那可能是書沒寫好。如果你給自己一次機會，你可以融入電子書體驗。那些走進電子書世界的兒童現在都有個千載難逢的機會，可以不帶任何成見從頭開始。

現在，我提到蘇格拉底了，因為他是這種討論新、舊閱讀方法障礙的顯著例子。如果現在你覺得，閱讀實體與數位圖書之間存在一道鴻溝，請回想蘇格拉底那個年代，辯論的重點在於閱讀本身的價值。

蘇格拉底誕生於一個口語表達的文化，他的老師口述教育他，因此他都是用大腦記住教科書內容。蘇格拉底很早就學到要挑戰、質問文本內容，他算是希臘口語表達文化中最後一位哲學家。

他的學生柏拉圖在口語表達的文化中成長，但已學會閱讀。諷刺的是，我們唯有透過柏拉圖才認識蘇格拉底，因為後者不相信書寫，因此未曾學習寫字，也從不想碰紙。柏拉圖背著他的老師偷偷寫下蘇格拉底的教誨。

在蘇格拉底那個時代，他是最受敬仰（也最惡名昭彰！）的老師，這是我覺得他的談話在此適用的原因。他生活的年代正歷經難以置信的變化，當時希臘字母才剛被開發出來。（光靠自身力量崛起就稱得上是驚人創新，與超連結很類似，堪稱文明發展中最神祕與意想不到的發明之一。）

希臘字母被發明前，書寫就已經存在，但沒有母音。不過希臘文寫作的發明原理是，字母表中的字母有一對一的對應關係，而且每個人都知道如何發音。希臘文本身很簡單，而且非常有效，頗獲亞馬遜工程師欣賞。但蘇格拉底竟然抨擊它！（不過，請記住，蘇格拉底也很懷疑口袋的用處，他就像其他古希臘人一樣，寧可把錢藏在嘴裡。這是真的。他常把錢放在嘴裡，然後四處走動，講話時才把它拿出來。）

蘇格拉底反對閱讀的主張意義重大又深刻，你應該深入了解。他說，閱讀是一種偷懶的學習方法；我們會說，就是因為閱讀才學到東西。但是我們並未像他一樣實際思考或質疑它。這是口語表達時代人人記憶文本內容的方式，亦即持續傾聽，然後在內化的過程中逐漸挑戰或接受它。蘇格拉底認為，在個人成長過程中，提問具有至高無上的重要性。

雖然我是電子書傳道士，但我在許多方面都同意蘇格拉底，因為上學不只是學事實。我贊成與書本的對談過程很重要，亦即你得與書（或電子書）中內容及作者想表達的觀點反覆角力。

蘇格拉底對閱讀本身所抱持的相同論點也適用數位時代。他若活在現代，可能會走上大街抱怨兒童缺乏關鍵技能，而且無能批判性思考他們在網路上讀到的內容。你可能想拜讀蘇格拉底的《斐德若篇》（*Phaedrus*），然後針對我們是否應該閱讀、如何閱讀，做出自己的結論。如果你還是相信閱讀，進入數位閱讀就毫無障礙了。

如果你從各方面檢視書籍對我們全體人類文化的真正重要性，那麼，書籍就是讓我們有別於其他動物的關鍵。書籍有教育功能，它們傳播文化。一本書可以讓你記下所有智慧與長年的學習結果並傳給後人，即使你已辭世多年，別人讀了你的書還是能有所長進。這是文化快速發展的原因。

少了書寫也不可能辦到。就這麼簡單。光靠一對一談話像接力賽一樣將知識傳下去有其局限，聽者能從談話中記得、建構的內容亦然。說真的，關於口語表達文化，還是有很多話題可說，像是史前希臘時代，這種文化孕育了荷馬和那令人大開眼界的盲人朗誦，鼓舞鐵器時代發展出詩歌。

荷馬史詩完全靠口頭傳誦，還有一批數量漸減的史前詩人，和他一樣不斷吟唱英雄故事，因而對外傳達出一個定義他們文化的核心概念，像是會為事實、真理與正義奮戰的貴族。不過，藉由史詩教育民眾冶金或經世致用之術就困難得多，少了實體文本，傳授醫藥或任何其他科學幾乎不可能，因為紙張夠大，足以用來保存絕對數量的種種細節。

我們人類是獨特物種，因為我們創造書當作教育工具，擴增我們一對一口語傳播所能傳達的點滴知識。我們的石器時代先祖與史前希臘相隔好長一段時間，有如希臘的荷馬時代與現今居住在地球上的幾十億人口。

語言促成文化、活力和人類豐足的爆炸性成長，不過書寫才是財富大躍進的關鍵，無論是以書籍、捲軸或楔形文字形式呈現。文化的教化不是在我們一出生時就裝在腦子裡的，反而是動物才一出生就本能地知道吃什麼，或牠們的天敵身形。動物倚靠直覺，但我們倚靠教育、父母輩對著兒女或孫子輩傳述故事與童話。我們把這些故事寫在書中，這樣它們就能教育未來會有樣學樣的子孫世代。我們倚靠這些故事。

我們帶著一顆容量巨大的頭腦出生，而非自我保護的本能。馬寶寶、羊咩咩一出生就能開始走動、進食，但我們得學好幾年。我們的卵子雖然和牠們的一樣大，但我們出生時，頭蓋骨像蛋殼般脆弱易碎，而且又太小，無法掌握文化的財富和重量，而這並不是世世代代靠直覺流傳下來的產物。我們倚靠文化教育我們，甚至是像打扮、洗澡與吃喝拉撒最基本的事情。像狩獵與農耕這些更精細的技能亦然。反之，這些文化發明是經過向書本學習和教導才傳承給下一代。

我們的文化長足進展直到現在發明了電子書，而且還可以心血來潮地從數以百萬計的選擇中任意選出一本，一分鐘內就可以開始閱讀。科技變革的步伐——儘管驚心動魄——往往令人摸不著頭緒。你會感覺自己好像從來沒趕上過；如果你知道怎麼訂閱新聞，訂個一百則沒問題，但還是差遠了，因為科技變革的步伐甚至比領域內的專家還要快。

難怪我和很多人聊天時發現他們搞不清楚電子書，不知道要從哪一邊翻開、翻哪一頁、買哪一台，或是該不該買。我完全感同身受他們說科技真會把人搞瘋。但科技只是工具，就像鎚子和釘子，雖然更難搞、更容易壞掉，也更需要更新韌體與專用ＵＳＢ接線。

一旦你跟在電子書革命身後起步、一旦你從各種不同的電源線和ＵＳＢ接線解放出來，真正開始閱讀電子書，我想你會像我一樣明白，這些書對文化、閱讀是多麼有用。電子書比實體書更能提供即時性的意義，畢竟，電子閱讀器已經內裝字典了，所以查詢生字定義只不過需要手指點一下。

如果光這麼做還不足為教育改善之道，那就想想共同筆記（communal annotations，譯

注：一般簡稱為共筆），以及它們如何幫助讀者更清楚了解數位文本內容。每一名讀者都可以在同一本數位書本裡加上自己的注釋，而且來自四面八方的讀者所增添的注釋都可以整合在一起。有些電子閱讀器可以顯現出有多少讀者加注過某一句話，亞馬遜的產品就可以。我們不只可以看到集體智慧，在許多情況下，書中最常被加注的句子通常是最突出、最有助學習該章節的重點。

§

不過，關於電子書也有個似是而非的論點；如果你同意兒童應該要閱讀，也認同電子書可以傳授我們的內容和實體書一樣多，為何我們不先把教科書數位化再說？我們就是沒這麼做。反之，我們將小說、科幻小說、羅曼史、《紐約時報》暢銷書和情色小說予以數位化，反正就是只要能賣我們就會賣。但兒童適讀的內容都還沒看到個影子。

這是電子書革命的核心矛盾：除非它進入我們文化中非常初齡的階段，否則數位內容無法真正成功。我指的是從國小一年級起，因為那時他們要開始閱讀了。電子閱讀器的功能得夠靈活、精密才辦得到，現在還差得遠了。

有一些美妙的實驗正在進行。例如，我寫到這裡時，在出版界的朋友辭掉他們在曼哈頓的工作，進了矽谷一家專為學生打造電子閱讀器的企業。這些裝置有兩面螢幕，就像一本可以攤開的書，讓你可以寫字、塗鴉、畫圖，還可下載書本閱讀。

這正是我們實現教育數位化工作實際所需的實驗。除非我們照此辦理，電子書才能像螺栓一樣牢固在我們的文化中；除非我們和電子書同進退，除非我們都成了數位原生代（digital natives，譯注：通常指出生於一九八〇年代後的人們，從小浸潤在數位科技的懷抱中，喜歡速度感、非線性處理資訊、多工運作和社交學習），用新生兒的眼光看待發出磷光的電子螢幕，否則電子書不會真正融入文化中。

當然，某一部分的我仍渴望美好的老式印刷書籍。如果我曾生兒育女就會知道，當我面臨是否讓小孩閱讀電子書、使用電腦或擁有一支手機的選擇時，做決定有多困難。我很敏察這些問題，很多和我聊過的父母也都擔憂，他們的兒女閱讀時會被影音媒體、iPad上的社群網路應用程式，或是在電子書內建遊戲裡一隻尖叫小猴給吵得分心了。

教師們也很擔憂。

教授們都在哀嘆，當今學生失去批判性思維與主動閱讀的能力。當我們被動地接受內容，就會懶散地要求大腦停止從事閱讀這類困難工作，轉向讓我們分心的推文和遊戲，我們正在改變大腦運作。所謂人如其食，也適用於我們的數位餐飲內容。我們慣用什麼媒體，就會成為什麼樣的人，尤指所有讓人分心的消遣。在石器時代，先祖傾聽鳥鳴與蜂鳴，這就是他們所需的媒體。然後我們發展出歌謠與故事，但現在我們不再滿足於蘇格拉底崇尚的口語表達傳統，閱讀與書寫也不敷所需。我們就是想要讓人分心的消遣，尤以數位消遣為甚，因為它們很方便，不消一分鐘就能下載完畢。

事實上，我們已習慣讓人分心的數位消遣、被動接受內容，這讓我們置身於成為新物種的危險中。

我不是說我們都應該變成機器人賽隆，但我們有成為新物種的危險，因為大腦運作已經完全與先人背道而馳。這種新物種無法理性批判、無法參與活躍的想像、無法理解謎語，也無法在看到小說裡的管家被謀殺了，搶在結尾之前就想出答案。我們的設備日益強化我們彼此之間的相互連結，未來的新物種可能更善於社交，就像臉書上異常活躍的猩猩。我無法斷定，這個新物種最終有能耐做些什麼。蘇格拉底自己都說不準閱讀和書寫會創造出什麼樣的未來，他只是一概拒絕。

我們不需要完全拒絕數位文化，只不過還是要小心為上，堅守讓你可以專注的經驗，提防讓人分心的數位消遣。你或兒女使用媒體時，請設定時限；要抗拒每十分鐘就想發推文的衝動。（你的大腦每一次分心後，至少需要費時二十分鐘才能重拾注意力。）

人們很輕易地就能說數位內容**不是**好東西，特別是對著成長中的孩童說。以前我自己就很埋單，但現在我覺得實在太簡化了。如果你只是為了反對新事物而反對，那你就變得像蘇格拉底一樣，是個墨守成規的老頑固。

正如蘇格拉底和柏拉圖的世代中，口語表達與書寫文化之間存在差距，現今的類比與數位文化之間也出現一道鴻溝。我們就端坐在類比與數位文化之間。電視和實體書餵養我們長大，但同時也接觸電腦和網路；我們看見數位文化的魅力，但也依然記得使用公用電話的情景。我們是混血人，既非完全的類比人，也非完全的數位人；我們可以暫歇在數位鴻溝的邊緣，回顧讓人懷舊的電話簿與零錢，以及類比時代中各種曇花一現的事物。但現在我們前進數位未來，即信用卡取代現金、電子書取代實體書的時代。數位文化已然降臨我們身上，我們的下一代將完全繼承數位文化。

教育的未來將是何種面貌？

這將不僅僅是拿實體書打比方，讓他們數位化而已。教育的未來不是虛擬黑板或是把學習遊戲當作一種數位休閒娛樂。我真的覺得，我們會在教育中看到更多社群元素。讓我們就坦然接受無可避免的局面：像臉書和推特這種社群網站很快就會推出兒童版了。

若此，舉例來說，何不鼓勵學校將課程計畫與家庭作業貼在學童的臉書帳號呢？如果學童可以上線協力完成他們的家庭作業，那就太好了，因為我們在職場中多數時候都在協作，何不鼓勵讓電子書工具促成社群教育呢？

最近我有機會看到一些大學生期末考前的念書情形。他們想出一同學習的新方法，即登入Skype上討論，並分享自己閱讀電子書心得的螢幕截圖。有趣的是，這些一同學習的學生並不是窩在同一間寢室或圖書館，而是散居全球各地，諸如杜拜、新加坡、倫敦和西雅圖。他們自己湊出這種做法，並未透過教授的任何幫忙或指導。

擔心教育的未來會變成數位電子書推動的世界，這一點很重要，特別是如果你家裡有小孩，但我不會用慘澹來形容這樣的未來，反之，我覺得處處有機會。當我戴上未來主義的帽子，看見電子書裡處處有社群連結，但即使把所有的社群功能都加進來好了，我想，你還是可以蜷身抱著一本熟悉的書猛讀，關閉位於書頁邊緣的功能，讓所有唱反調或閒扯淡的人噤聲；你永遠可以關閉受歡迎的重點提示；你永遠可以切斷網路，沐浴在陽光中享受讀書之樂，就像以前一樣。

地鐵裡有個神祕客。他正在讀一本你讀過的書。你可以從他的臉上和舉手投足之間感受到一股淘氣或吸引人的氣質，即使他有半張臉都被書給擋住了。你興致一來就晃啊晃地走過去和他攀談，你隨意地指著他正在讀的那本書說你也讀過。然後你們就開始聊起來。

我們多數人都玩過的這種把戲，不管是身為被問的一方，或是想要認識對方，所以主動拿書當藉口的一方。我們有些人甚至因此結識未來的另一半。

西班牙語中有一個詞對應英語的女伴護（chaperone），指的是古早時代男、女雙方第一次約會時坐在一旁招呼的女性長者。男伴護稱為東家（dueño）、女伴護則是東娘（dueña）。電子書革命已經扼殺閱讀的東家，也就是書封。當你想要鼓起勇氣對陌生人說出第一句遲疑又害羞的開場白，互聊彼此正在閱讀的書籍，期盼也許可以拉近彼此關係或進一步認識對方時，再也不能抬出賈西亞・馬奎斯（Gabriel García Márquez）或珍・奧斯汀（Jane Austen）當作女伴護。這是因為書封已經成為數位時代的犧牲品了。

電子書用兩種方式對書封做出象徵性的讓步。第一種是讓你在賣書網路上可以看到書封，第二種是通常它會把書封涵蓋在電子書裡。（然而，有些像Kindle這樣的電子閱讀器會直接跳過書封，進入第一章起始處。）

書封消亡是一種悲哀，尤其是當你想到有許多封面堪稱藝術作品以及歷史文物。光是想想一九二〇年代，亞歷山大．羅琴科（Alexander Rodchenko）為俄羅斯的書製作封面，採用了狂放色調與粗黑線條；一九八〇拍攝法比歐（Fabio）時，使用色彩耀眼的羅曼情調書封；甚至任一本擺在店面窗邊太久，藍色封面被太陽曬到漸漸褪成柔和的色調。這一切都消逝了。

但你也必須考慮，我們也看到藝術圖書封面近來成為創新代表，而它們面世才一百年。在此之前，如果一本書帶有封面，都只提供基本功能，而且都不加修飾，為求保護書籍本身不至於過度磨損及撕裂。充其量，書封會燙金、加上手工製造皮套。現在它們是財富的象徵，而非廣告的功能。

然而，你搭飛機時看見隔壁乘客讀著電子書，卻無緣瞥見書名，也就沒辦法很快就開始聊天。但是，還是有希望。最近我看到一項技術革新，滑滑iPhone螢幕就能把它變成一種電子墨水手機套，這樣你就可以看到兩邊的圖案。我想這將是再度炫耀書封的大好機會，只要將書封圖案發送到你的閱讀裝置螢幕上，大家就能看到了。搞不好很快就能看到未來平板電腦螢幕兩面都可以成像了。也許電子閱讀器還將開始打出書封當作螢幕保護程式呢。不過，書封凋零透露出一線生機：真正的書籍文本內容會更快就顯示出來。

我能預見有一天眾人會依據某一本書的內容瀏覽找書，而非找書封；零售商也會依據文本內容為你排序。當你得做出買書決定時，他們會自動評估書中內容並提供相關資訊。少了書封便意味著，當你回想自己喜歡的電子書，或許會記得更多內容，而非僅是書封；你心中會更牢記書中意義，而非光是想起書封圖案（意思是，我順便解釋一下，常有人只記得某位設計師作品，卻從未翻過那本書）。

不過，至少對我來說，電子書封變成附錄一般的元素，只被增補在文末，卻很少有人會翻來看，光是想到這點就很難過得去。最多，你只會在電子閱讀器裡看到丁點畫素的微縮尺寸書封。我實在很不想這麼說，但我不想看到書封消逝！我幾乎想要把家裡的壁紙全換成書封，這樣我時時會想起以前看過的書，全都像老朋友一樣親切熟悉。因為，不知為何，每當我用心回想一本書，想不起書中內容或抽象的概念，都只記得書封。對我來說，書封真的就像是書本身。

我是唯一欣賞書封的粉絲嗎？讓我知道你怎麼看待書封，無論好壞；也讓我知道你最喜愛的書封是哪一本，或是任何能在數位時代搶救書封的點子！

http://jasonmerkoski.com/eb/17.html

18

圖書館

如果你願意，走一遭大學圖書館，穿過沒有人造訪過的區域，像是一八七〇年代的外國文學區。芝加哥近郊的西北大學（Northwestern University）有一間很棒的圖書館，如果你隨意瀏覽缺乏人氣、滿布塵埃的區域，有機會重溫大部頭書的年代，書封都用複雜精細的大理石花紋製成，可悲的是，這種書本裝訂傳統已經漸漸衰落了。如果你運氣不錯，找到一本這種大理石花紋的書，也許會驚嘆上面刻畫的漩渦和像泡沫般的氣泡，都是墨水乳膠的功勞！這些老書散發出宜人的古典氣味，濃濃霉味、脆弱易裂，如此熟悉卻又如此傷感。

Kindle或iPad壞掉時絕不可能這麼好聞，就算有，也只會像聚乙烯與用久的過熱吹風機一樣臭。如果產品原是白色，會隱隱鍍上一層黃尿的顏色，就像所有老化的塑膠一樣。

但是，沒有電子閱讀器能活得像圖書館裡的書一樣久。Kobo與Nook等裝置會被棄置抽屜與垃圾桶裡，或是淹沒在後院拍賣會上，成為科技商品戀物狂的目標。像Kindle這樣的裝置很有銷售魅力，但產品壽命有限。

二〇〇七年，第一代Kindle激起強大需求，五小時內售罄，轉手在電子灣拍賣可喊到原價的四倍，但現在還有沒有這樣的身價，值得懷疑。市場永遠會推出更新、更棒的裝置。消費性產品製造商心知肚明，設計時會考慮技術過時這一點。他們在生產明天就要上架的產品時，同步就在想替代品了。

閱讀用硬體或許會老化，電子書的數位內容卻永恆不衰。同理，正因為它是數位形式，有可能創造出幾近無限的版本，但有悖常理的是，你家附近的圖書館卻只可能陳列幾本電子書。為什麼會這樣？

圖書館每年都有固定的買書預算，因此，無論哪一家圖書館想買實體書或電子書，都得照價付錢。意思是，如果你逾期歸還電子書，還是得支付逾期罰款。（或者，更人道的做法是，即使你還沒看完，到期時電子書就自動關閉功能，返回圖書館讓其他讀者使用。）這是因為一次只能有幾名讀者向圖書館借閱電子書。

因此，即使數位圖書館的庫存無限多、即使圖書館的所有讀者理論上都能同時下載同一本電子書，但授權條款不會容許這種情況發生。沒錯，你還是得比照實體書流程去預約電子書。真正的好處是，你可以不在圖書館卻下載內部的電子書。你不需要進圖書館才能辦理流程。

圖書館永遠受限於預算，你將開始看到，專供實體書擺設的書架會愈來愈少，因為維修、重新裝訂、擺放與保險的費用太高了。圖書館努力節省空間並保護日益稀缺的資源，會朝向把自己變成微型雲，集結裝滿電子書的硬碟。或許圖書館員會自己變成數位分身，上線為你提供閱讀建議，或是使用哪一種電子百科全書與資源才好。

我們失去這樣的人際接觸代表什麼意義？我們希望向演算法徵求意見嗎？如果圖書館員的工作外包給遠在菲律賓，完全不帶人性關懷的客服中心，我們會喜歡嗎？當然不。我想我們會為這個損失感到後悔。每當我走進我最喜歡的新墨西哥大學（University of New Mexico）圖書館，都會發現圖書館員熱心助人，而且急切地要讓大家感到開心。我喜歡這種人性關懷、他們提供的關照，而且我相信我們應該努力擁抱並保全他們身為守門人與資訊輸送者的重要角色。

我對數位圖書館員或數位圖書館的想法有點懷疑，或許是因為我人生最快樂的時光都消磨在書冊圍繞的圖書館裡。我真的很愛實體書。童年時我把好多個星期六都花在郡立圖書館；進了麻省理工學院，從圖書館學到的知識比教授指導的多。我閱讀興趣超廣泛，幾乎來者不拒，小說、數學專書、歷史書，本本精采。至今我花許多時間徘徊在圖書館書架、地下室的書堆，尋找有趣或深奧的大部頭厚書。圖書館提供一種無與倫比的發掘樂趣。

不過，我還是很樂見當地圖書館想出辦法提供讀者電子書。那一晚，我一下就用光借閱額度，下載了二十本書。可供選擇的電子書可能不多，只有幾萬本，但我發現豐富的閱讀素材。我點了一份披薩，待在家裡徹夜狂讀。那真是純粹的幸福！我喜歡這種直接點開Kindle就能閱讀的便利性，不喜歡把它們丟在皮卡車後座拖著回家。

對我來說，書就是書，不是大眾商品，而是真的會對你說話的靈性之音。有些書輕聲細語、有些大聲吼叫，而有些則是沒來由地嘰哩咕嚕。但我對它們發出的聲音很敏感，除非你打開書封開始閱讀，它們才會閉上嘴。

我很高興看到圖書館擁抱數位化圖書的承諾，儘管這類書某種程度會威脅他們的生存，但至少這是他們自己想像得到的未來。因為圖書館的特許權限正在發生變化。數位內容導致圖書館現在就必須改變，就像十年前的報業。對意圖在現今蓬勃發展的報業而言，它們必須找對本土閱聽群眾，廣告必須在地化，新聞報導也是。地方報紙再也無法負擔記者調查境外事件，其實也不必要。他們只要專注地方新聞就好。

圖書館亦然。它們展開數位化、開放地方期刊、歷史檔案和地方作者撰寫的書籍，一樣可以做得有聲有色。這是它們讓自己與眾不同、繼續生存下去的方法。反之，暢銷書很少與當地有關，這些廣受歡迎的書冊極適合由地方資助的中央全國性圖書館提供服務。

目前的情況是，個別圖書館可以和一家名為「動能」（Overdrive）的企業簽約，提供可出借的電子書，但很多圖書館出於預算限制選擇寧可不要。必須提供讀者實體書與電子書是一筆財務負擔。我想我們愈早加快採用數位圖書，對圖書館愈好，而且那些規模較小，但擁有優良地區與地方資源的圖書館愈有可能繼續生存幾十年。

話說回來，隨著電子書廣泛採用，我覺得有一種鮮少提到的另類圖書館可能會因而消逝，那就是不起眼的行動圖書館。

在美國大街上的行動圖書館很像是一台不可或缺的冰淇淋車，每逢夏季就慢慢地前行在多蔭的街道上，在全國各地將圖書館裡的書分發給兒童。在數位時代，很難想像行動圖書館的未來，除了或許被視為來自舊時代的前衛裝置藝術。不太可能再見到卡車開上街道，讓孩童借閱數位圖書、下載到自己的 iPad mini。提供孩童電子書才是有效做法。

儘管行動圖書館漸逝，整體而言，圖書館還是前景看好。我會在稍後的「書籤」部分闡述，書蟲和圖書館都可能成為一種有用工具，即變身圖書的文化保鏢，對付激烈的零售銷售手段與可能的審查行為。現在正是重新拿出圖書證，借閱幾本好看的電子書到iPad或Nook的最佳時機。你一定有一張借書證，對吧？我最近太常借書了，以至於竟然記得二十位數的條碼。

我實在太愛這裡的圖書館了，下次我可能會停下來給圖書館員一個愛的抱抱。

至於現在，書籍可以藉由數位形式永遠保存下來，紫羅蘭壓在書頁中，就像雲端中的電子書。只要電子書能跟上不斷變化的檔案格式，充分複製以免受硬碟毀損連累，它們的未來無虞。

電子書革命讓我們一勞永逸地了解自己。我們的圖書文化不再需要害怕死亡。《憲法》和「獨立宣言」（Declaration of Independence）將永存在數位形式，即使保存在華盛頓特區的原始版本日益老朽脆化，以至於無法閱讀；我們不再需要害怕文化凋零，當然，那是假設圖書館的未來形式不會被特定病毒損毀，就像是數位版匈奴或日耳曼民族，攻擊圖書館的資料中心並優先消滅電子書。

電子書未受病毒所害，無論如何，至今還沒聽說。你的個人電腦可能會屈從於聽任某種病毒，把自己變成會向全球發送威而鋼電子郵件的垃圾郵件殭屍，或是監視你敲打鍵盤的狀況，把你的信用卡號碼對海外發送。但是你的電子書安全無傷。除非有人發明出奈米病毒，可以通過塑膠與玻璃並蠶食電阻和二極管，否則書蟲就只是舊時代的產物。

就以我來說，很高興再也不用看到書蟲了。二〇〇〇年夏季，我即將接下一份國際工作任務，得出國三、五年，於是收拾好家當，全堆放在波士頓一處儲存區。我完全不知道，才離開波士頓沒幾個月，一場大水就把我堆在地下室的家當全毀了。

三年後我開車重回舊地，看見錯綜複雜的菌絲布滿腐爛的牆面，簡直欲哭無淚。我打開脆化的紙箱找書，只見書頁都被像是防凍液的昆蟲隧道和青黴菌的通行路線截斷。我損失了幾百本書，多於你在一般公立學校的圖書館看到的數量。那真是一場浩劫。

雖然，文化上我們仍然面臨內容毀壞、遺失的窘境，但眼前更重要的問題是書蟲戰爭。我告訴你：在古早的舊時代，抄寫員複製西塞羅和柏拉圖的作品，因為抄寫的工作曠日廢時，抄寫員對自己想保存哪些作品必須東挑西揀。如果他們不喜歡某一本書或缺乏足夠的羊皮紙，就不會複寫內容。

正因如此，我們從此失去令人惋惜的大量古早作品。

- 埃斯庫羅斯的七十本著名作品中，僅有一〇%被保存下來。其他至今未能尋獲。二十一世紀初，另一位劇作家索福克里斯（Sophocles）的作品僅五%流傳下來。
- 歐幾里得（Euclid）的數學論著僅保存一半。或許遺失的那一半裡，有一本是早期的微積分？如果當初曾廣泛流傳，或許我們在中世紀時代就會有電腦了，而希臘現在也已經在月球上殖民了呢。
- 凱撒大帝（Julius Caesar）不僅有時間打敗法國，成為羅馬的第一個皇帝，更撥空寫出十五本書，不過現存僅有三分之一。
- 《舊約》原本更龐大，但原始內容的四六%都消逝無蹤。《聖經》所引用的書中，高達二十一本不見蹤跡〔像是《所羅門記》（*Acts of Solomon*）與《論耶和華的戰爭》（*Book of the Wars of the Lord*）〕，但或許還有更多，只是因為《聖經》未曾提及，所以我們不知道。

莎士比亞的下場比較好，九三%作品倖存至今，不過，即使是像他一樣生活在印刷機年代，至少有三部劇本都遺失了，而且可能從此找不回來。

同樣導致毀滅的禍害也可能發生在電子書，因而影響我們。如果你用長遠的眼光看待歷史就會同意，戰爭、經濟崩潰和國家重新劃分邊界線，都會繼續發生，科技也會繼續移轉，我們的電子書也終將無可避免地丟失。但現在，損失的程度將大上許多。

如果一家像Google或蘋果的企業破產，可能會帶著它們所有的書一起倒下。啟用雲端科技大費周章，這樣所有電子書才能上線運作。所以，如果來一場大規模的書蟲病，我姨媽所寫的愛貓書，很可能會和羅琳（J. K. Rowling）的書一樣被完好保留給後人。事實上，我主張，作家的最佳策略就是不要把作品獨家簽給任何單一零售商，也就是說，最好把蛋放在不同籃子裡。

我們無法看清未來，但現在，一場因為疏忽、逐漸蛀蝕，或隨著娛樂習慣而凋零的大規模書病的爆發機會，比以往任何時候都來得大。即使不是書蟲所害。

當然，我們可以採取幾道步驟，保護所有書籍免受書病所害。這方面圖書館已是專家，只要圖書館繼續保有自己所擁有的內容，不要仰賴零售商的保管倉庫，它們就能繼續提供幫助。事實上，有一項名為美國數位公共圖書館（DPLA）的倡議已經將這件事定為目標了。

在哈佛大學（Harvard）圖書館館長帶領下，美國數位公共圖書館致力採用Google圖書專案的方式完成目標。成千上百萬書冊依然會被數位化，但全交由圖書館負責，全世界的個別讀者可以免費取得放在智慧型手機或電腦中的數位內容。美國數位公共圖書館才剛起步，但它的努力可能正是我們所需要的保護，一如其他類似的專案，好比美國國會圖書館和聯合國教科文組織（UNESCO）所資助的世界數位圖書館（World Digital Library）計畫。

圖書館員是意料外的英雄。誰曾想過，圖書館員竟可能拯救我們的文化，帶領我們避開災難及文學末日呢？

話說回來，可悲的是，沒有任何一家古典時代的圖書館存活下來。在下一章我會提到前三家首屈一指的古老圖書館，不過還有其他幾家規模較小。它們全都遭受毀壞，唯有凱撒大帝的岳父所擁有的個人圖書館可能例外，稱得上是「逃過一劫」的唯一個案，因為有一場突如其來的火山爆發，它被熔岩深埋在一百英尺以下的地底。約有一千八百份卷軸以碳化形式「保留下來」。〔想想電影《星際大戰》（*Star Wars*）中，韓・蘇洛（Han Solo）被碳化冷凍成黑塊，或是想想原子彈爆炸現場遺留的一本書。〕這些卷軸短期內沒有機會被閱讀。

我們面臨同樣問題，即努力數位化之餘必須考慮長期生存之道。即使一本書數位化了，它的檔案格式能長久嗎？幾百年後，硬體甚至完好存在，能夠讀取書籍嗎？放在抽屜裡的老舊Kindle或Nook也禁得起萬古考驗，毫髮無傷，表面就像羅塞塔石（Rosetta Stone）般光亮，可以用來閱讀並破譯珍藏在電子書裡的內容嗎？我是不是擔憂過頭，以至於對未來太悲觀？還是你覺得，我們總的來說，對書病可能釀成禍害的擔憂程度太低了？

http://jasonmerkoski.com/eb/18.html

19 微型投影機：電子閱讀器硬體的未來？

毫無疑問，現在你已經聽聞過亞馬遜的微縮書（Microbook），這項產品已經上市好幾個月，我在一推出就買來試用了，然後寫了評論。

亞馬遜的產品文宣這麼寫：

「微縮書：這是一台結合微型投影機的電子閱讀器，可以連結你的Kindle帳戶。不附電源線、不麻煩、不設按鍵。」

微縮書超便宜，因為沒有螢幕與運轉零件。

亞馬遜的日本分社負責發貨，還附帶一個小機器人玩具，不過我不明白為什麼。我看不懂說明書，不過不打緊，如同我執行消費性電子專案一樣，應該是用不到，應該很容易搞定。

微縮書只需要一道手續，那就是連上網路。家用Wi-Fi就夠了。

因為購買時已登記我的名字，所以它知道我是誰、我目前在讀什麼書。我若想閱讀，只需要一大片空白牆壁或桌面就夠。於是當我第一次啟動微縮書，對準牆壁，馬上現出我在Kindle閱讀的書名與正確頁數。

它沒有按鍵，不過可以聲控。「翻頁，」我下令，投影在牆上的圖像馬上跳到下一頁；如果我想買電子書，也可以下令：「去書店。」

隱私權會是個問題，不過我可以在地鐵上讀書。

你也可以購買微縮書的配件，像是閱讀時免手提的三腳架或空白書頁。這樣你就可以假裝正在讀一本實體書。

我喜歡它的地方是，晚上我可以把微縮書投影到天花板閱讀。我把它握在手裡不會覺得太燙，半夜我關機睡覺時，日本機器人會睜亮駭人的眼睛。

但是，當然根本就沒有所謂的微縮書。我不清楚亞馬遜或其他任何零售商是否計劃打造這種設備，不過這是我自己所預見電子閱讀器本質的變化。

當我們拿著一本書、漫畫、雜誌或電子閱讀器，通常會是直式平舉。多數表面區域都被讀物、內容占去了。但我覺得不必要如此，這麼大的螢幕其實很耗電，況且設備本身又很笨重。此外，誰會想要失手讓貴森森的 iPad 掉地摔破呢？我看到的未來是，微型投影機（pico projector）可以將書投影在牆壁、平板電腦與其他物體的平面上。

你會發現好處多多。你將電子書投影在某樣物體表面，閱讀體驗就不會被局限在特定框架裡。螢幕大小全憑自己中意。目前，你得多花一點錢才能換到較大的螢幕，不管是 iPad mini 換 iPad、普通 Kindle 換 Kindle DX。

另一項好處是，你的電子閱讀器非常小，但也更便宜，因為電子閱讀器硬體都與螢幕息息相關，事實上，一部專用的電子閱讀器裡，螢幕本身往往是最貴的零件，有時候成本高占售價逾半。如果少了螢幕，你就能做出非常小、非常便宜的設備，大小約莫大拇指或隨身碟。它只需要網路連結和一小台微型投影機。

微型投影機是一種新興技術，指的是一具小機器卻能發射出大圖像。「微型」這個字是皮克（picogram）的口語化用法，原意是一兆分之一克。你或許會打開這具投影機附帶的小型三腳架，對準眼前的平面物。然後你大聲念出想讀的書名。如果你沒有這本書，機器就會提示你要先去買，到時候你才能把它下載到這台小設備並開始投影。你只要出一張嘴就能導航，這台設備運用雲端技術。

這類設備讓書籍唾手可得，也幫你凝聚小型交友圈，讓閱讀社群化。我可以預見，它會被用在讀書會、大學研究團體，當然還有你自己的臥室裡。這類設備最大的好處是成本低廉，因為它的表面積已經縮小到幾乎不占什麼空間，等於是便宜、免手提的閱讀設備。當然，你可以順此邏輯做出真正名副其實的便宜Nook和Kindle，便宜到可以當作贈品送出。

例如，我可以預見，終有一天邦諾書店會這麼做。或許一開始是送給全年購書費用超過一百美元的顧客。這家書商所得到的好處是節省大筆運費，而且還能將新開發的閱讀市場導入Nook體驗。由於這樣的做法愈來愈成功，而且製造更便宜Nook的成本縮減，邦諾甚至負擔得起將它們當作贈品免費送人。所以，現在任何全年購書費用達七十美元，甚至五十美元的顧客都能得到一台免費Nook了。

再過一陣子，愈來愈多人擁有Nook，就有愈來愈多人閱讀。這太棒了。當然，造價更便宜的Nook很可能只是一具準系統，意思是沒有網頁瀏覽、音樂或遊戲、沒有DVD等額外功能。不過用它們來閱讀是綽綽有餘了，也適合當作入門藥（gateway drug），以便引導顧客花更多錢去買邦諾更大、功能更強的Nook。

如果其他電子書商也採用這種模式，那麼電子閱讀器就會變得非常普遍。你最後會開始看到，地鐵上、公車站牌或週間的午餐時刻，每個人的手中都拿著電子閱讀器。如果可拋式電子閱讀器可能成真，你每一年就會得到一台新機，功能更強大、螢幕更優質。

降低電子閱讀器的價格，這是最符合亞馬遜和其他人利益的做法，讓它們新增客戶數。價格每降低二十美元，就表示它們又收進一批買得起電子書的新顧客。在最終分析中，合理價格應該是零。在大蕭條時代，美國前總統胡佛（Herbert Hoover）曾承諾「餐餐有雞」；在我們這個動盪的金融時代，如果電子閱讀器免費，你會發現家家有Nook，不然就是索尼、Kindle或蘋果的裝置。

正如電子閱讀器正在轉變，我們的閱讀方式也在改變。我拿微縮書的隱私問題開玩笑，但不只是地鐵上站在你身後的乘客眼睛往下一掃就看到你的閱讀素材而已。像亞馬遜或蘋果還可以看到你每一次翻頁、知道你在什麼字彙下方標示重點、寫下什麼注釋。當你躺在海灘椅上閱讀，巨人就帶著筆記本從身後悄然逼近，從你的肩上往下偷窺。

我們閱讀時，幾乎每隔一段時間，連結雲端的電子閱讀器就會回報總部，通知我們讀到哪裡了。頻率之高以至於如果你有好幾台設備，每一部都會定格在同一頁。但這也讓亞馬遜或蘋果這些零售商知道你的閱讀進度。它們可以監看你的進度。等集結許多閱讀模式的資訊後，就可以知道什麼樣的電子書比較成功。讀者會在讀到一半時就丟到一旁嗎？很多讀者都會跳過某個特定章節嗎？

這些資訊並不是衝著你個人的閱讀習慣而來，但零售商集結多數人閱讀一本特定書籍的模式後可以加以運用，還可以回售出版商，好改進某一本特定書籍的品質。或許那些經常被跳過的章節應該要更妥善編輯，或需要圖表加以解釋；或者，如果某本書常在看一半時就被丟到一邊去，那麼也許出版商得考慮，重新和作者談判合約的時刻到了。

我們還沒進展到廣告也能針對你閱讀的段落或句子量身打造的地步，不過如果你曾提到某一本書名，Google確實會對你打出特定廣告，臉書平台也容許廣告商這麼做。不過，我想很多讀者都不在意這種擅闖隱私的做法，特別是如果能因此得到更好的電子書價格。所以，我可以想像，免費電子書肯定百分之百是由廣告補貼。你得到免費的電子書，但其中的圈套是，你讀的每一頁下方都有一則與文本相關的廣告，或許是根據內容而來，或許是根據你在網路上搜尋的習慣而來。

零售商很容易就能在不同網站對你打廣告，它們很黏，就像泡在蜂蜜裡的蟑螂一樣甩都甩不掉，可能很快你就會開始看到這些黏人精廣告如影隨形地出現在電子書裡。不過到了那時，我想你的閱讀隱私也只會一如前述地化成統計數據回傳出版商。如果最終我們會得到設計更精美的電子書，而且也察覺不到資料如何被使用，那麼現在看來，也許這道過程沒什麼傷害。

我提到微型投影機的電子閱讀器舉例說明，未來幾年我們或許會看到這種破壞性的硬體技術。畢竟，電子書的未來才剛起步，還有很多新科技會出現在電子閱讀器。有些類型使用有機晶體做成複雜圖案或排列呈螺旋狀；有些作品像是蝴蝶的翅膀，會在正確頻率下反射光線因而重現全彩。電子閱讀器技術是不斷創新的領域，這些裝置短短幾年內就會面世，將讓電子墨水顯示器看起來像是愛迪生（Edison）的蠟製滾筒一樣勁爆。

最終，電子閱讀器可能太便宜，以至於零售商毫無賺頭，這時你可能想知道以後它們還會不會繼續賣，不過，這時你可以想想刮鬍刀片的歷史。

一八九五年，發明家金・吉列（King Gillette）放棄他對未來城市與烏托邦國度的建築繪圖，靈機一動想出製作新型剃刀的點子。他花了十年才付諸生產，但產品卻頗具有革命性威力。你無須買一支剃刀，每次刮鬍前就得先磨利，可以改向吉列購買重複使用的剃刀手柄和拋棄式鋼材刀片。只要刀片鈍了，買新的替換就好。吉列賠錢賣刀柄，但如果沒有刀片，買刀柄要幹麼？一點用處也沒有，所以他是從賣刀片大賺一筆。

這則故事當比喻，你可能會想問，業界是不是有特定零售商賣刀柄或刀片？我的回答是都有。事實上，電子書和電子閱讀器是構成所有電子書商獲利飛輪的元件，你不能單賣內容卻少了閱讀器，反之亦然。兩者得合賣。

沒有哪一家企業會安於現狀，只專注開發電子書內容，把硬體拱手讓給其他人，即使連Google最終都推出自家的智慧型手機和平板電腦。雖然企業自己從頭開發一部裝置得經歷諸多困難與痛苦，而且獲利不一定好看，但站在硬體商的高度開發閱讀體驗，卻能帶著內容攀抵別人到不了的境地。

最近幾件事已經證明，如果內容可以補足硬體占營收的比重，零售商願意承擔硬體損失。例如，當亞馬遜發布Kindle Fire這部足與蘋果iPad並駕齊驅的低價平板電腦時，許多製造領域專家相信，亞馬遜是賠錢賣Kindle Fire硬體，但內容可以幫它扳回一城。沒多久後，亞馬遜的競爭對手推出平價電子閱讀器，從這一點就可反映出它做了一項精明的商業決定。

未來的電子閱讀器也會走上同一條道路。若此，價格會跌到嚇人的水準，大型零售產業裡的會計師和決策者，皮都得繃得很緊、很緊。

書籤：消失的圖書館

我在進行這本書的研究工作時，想要回頭去看歐普拉（Oprah）以前的電視節目，有一集她和貝佐斯對談Kindle。那是Kindle的關鍵日。根據節目所傳達的資訊，原始Kindle早已銷售一空。某方面來說，貝佐斯與歐普拉的這場專訪是書史上獨一無二的一刻。貝佐斯與歐普拉這兩位人士是本世紀推廣、銷售書籍最不遺餘力的代表，你得往前回溯一百年才找得到另一個光憑一己之力就能深刻影響閱讀的人。那個人就是安德魯・卡內基（Andrew Carnegie）。他在全國開辦兩千五百家免費圖書館，當時美國的圖書館並不對大眾開放。

但是，歐普拉的節目播出後，才短短兩年，上網明搜暗查卻再也遍尋不著。這節目的每日觀看人次破百萬，卻四處不可求，除了這裡盜錄一段、那裡偷拍一段的零星畫面，它簡直就像是被埋在網路版埃及沙漠的古代文獻。

媒體的賞味期短得驚人，例如，女星希妲・芭拉（Theda Bara）的電影只有四部留存，其他作品全都不見蹤影、消失無蹤。希妲・芭拉是好萊塢最早的蕩婦，電影歷史上所有最受歡迎的女演員之一。一九一七年，她的電影《埃及豔后》（*Cleopatra*）坐擁高達五十萬美元的預算，堪稱當時所有電影之最，那時第一次世界大戰才剛剛結束而已！但是，因為下檔幾十年後庫房被一場大火燒毀，影片本身和芭拉身上近乎淫穢的行頭最後都成了一段僅五秒的髒兮兮畫面。

就此而言，希妲．芭拉不是特例。全球第一批動畫電影中，《人馬》（*The Centaurs*）面世時間比迪士尼早十年，但它只留下九十秒鐘畫面；最早期的西部電影《惡犬道森》（*Devil Dog Dawson*，暫譯）只剩下三十八秒的片段，而且還是在俄亥俄州意外被發現，因為被裝在貼錯標籤的儲片盒裡；第一部完全有聲彩色電影《好戲上場》（*On with the Show*，暫譯）大賣座，進帳換算成現代價值約當二十億美元，至今下落不明，但荒謬的是，一九七〇年代卻在玩具投影機裡發現一段二十秒的彩色片段。

歷史苛待希妲．芭拉和許多其他默劇時代的電影明星，對書也不例外。如果你回顧古早時代，世上有三大圖書館。首先是埃及的亞歷山大圖書館（Library of Alexandria），藏書約五十萬冊；然後是希臘的培加蒙圖書館（Library of Pergamum），藏書二十萬冊；最後是土耳其的哈蘭圖書館（Library of Harran）。這三大圖書館收藏全世界最多古書，至今學者一想到，在那些戰亂世紀裡，所有的征服者不是把書放水流就是放火燒，就會氣得咬牙切齒、搥胸頓足。

古書的故事令人心酸。安東尼（Mark Antony）夷平培加蒙圖書館，獻給埃及豔后當作結婚禮物。他清空書架，把書冊全送往亞歷山大圖書館；但後者也沒能保住，因為數次歷經祝融之災，最終還落到伊斯蘭教手裡。唯有哈蘭圖書館的古書收藏堪稱豐富。它是一座邊境小村，當時所有帶著書逃出埃及和希臘的學者都落腳在這個小城。這些書安藏在此，直到阿拉伯學者重新發現、翻譯它們，某部分來說掀起古騰堡時代的知識文藝復興。

這幾座古代圖書館的命運頗具啟發意義，提供企業購併與電子書發展模式的借鏡。Google和蘋果合併難度太高，所以無法想像一個結合雙方龐大電子書庫的未來嗎？誰料得到，企業財富的暴虐毒箭會傷人，終有一天它竟淪落破產之境，結果書冊全都隨著伺服器停機、鏽損而逝，遠方的數據中心更是爬滿藤蔓？反之，或許亞馬遜多活久一點，但仍被某家未來的新興媒體企業收購，它的電子書全被掃去歸檔，或許會保存下來，但或許不會。

當單一企業收購所有媒體，未來生活將是何種面貌？不只是它能對內容任意訂定高價，更能隨意埋葬、封殺任何內容；如果企業失敗、破產，或更糟的是，失去所有的媒體存檔，未來會變得怎樣？如果大規模伺服器當機、心懷不滿的員工蓄意破壞或數位電子書病毒損毀所有內容，又將如何？

這類損失十足是難以想像的大災難，但有可能成真。科技過時不僅發生在軟、硬體，機構亦然，畢竟，古代只有三家重要的圖書館，最後還只有一家得以長存至今，讓它的書冊能被重新翻譯、保存。同理，現今我們只有三家主要的數位媒體商，即蘋果、亞馬遜與Google，如果有一家能禁得起時間考驗，你覺得會是哪一家？快轉一百年：如果有一家企業主宰我們的媒體，你覺得會是哪一家？

http://jasonmerkoski.com/eb/19.html

20

書寫的未來

在古騰堡那個年代，印刷革命實為真正的革命，因為它讓知識廣及眾人。人們不需再積存羊皮紙、書籍不再僅被精英分子寡占。迄今，印刷技術儘管一再演變，多數都是改良而非改革。

例如，一九三〇年代中期興起的大眾平裝書（mass-market paperback），就稱不上是改革。平裝書是企鵝出版集團（Penguin）首創先例，採用廉價紙漿這種新穎的手法製書，「低俗小說」（pulp fiction）正是由此得名。事實上，大眾平裝書本身可以回收再製成紙漿，然後重複使用成為出版商下一本大眾平裝書用紙。我們平時在雜貨店內結帳區旁及機場看到的廉價書籍，皆可歸功於此。這個想法頗具改良之效，因為讓書本售價較之前更低，閱讀市場更大。

請別會錯意，我們需要改良之道。

然而革命實為天才之舉，必須結合多種改良的成效，並把他們濃縮成一樣嶄新的產品。古騰堡的印刷術具有革命性，因為結合活動字型、印刷機與油墨；iPhone也因為結合大尺寸觸控螢幕電話、應用程式、全球定位系統（GPS）及無限網路流量方案，被視為具有革命性。電子書亦然。

我們的文化不斷演進，再也回不去iPhone發明前那段只使用功能型手機的時光；同樣也回不去電子書發明前，只有連鎖書店博德（Borders）、道爾頓（B. Dalton）及在地小書店的日子。部分原因是這些通路都破產、倒閉了。數位書籍下載的即時性與雲端圖書館的便利性取代實體書店，尤有甚者，電子書具有永恆不朽的特質。

古典文學家可能希冀在埃及木乃伊墓中成捆書冊裡找到埃斯庫羅斯失傳的劇作；或是在英國修道院中發現莎士比亞失傳的作品《愛得其所》（*Love's Labors Won*）。但電子書不僅將書籍普及化，也延長它的壽命。你姨媽個人出版的愛貓詩集將永世流傳；你祖父的自傳可在二十四世紀幫後代重建家譜。文字不用再靠窮酸文人、預算受限的圖書館員或國會圖書館裡挑三揀四的稽核員才能出頭。我們的文字被解放了，但前提是我們一開始就選擇繼續書寫。

矛盾的是，電子書雖然引爆閱讀革命，數位文化卻讓網路世代的我們更難得書寫。數位閱讀的另一面即是數位創作。我已大量論述電子書正改變我們的閱讀，但數位科技又如何改變我們書寫？

我們愈來愈習慣電子書的概念，但許多藝術家仍然偏好在紙上素描，較少使用數位媒材，也有許多作家仍隨身攜帶札記，隨時寫下想法與印象。

數位札記尚未蔚然成風，但已經有企業提供連結實體與數位書寫的服務了。例如，筆記本品牌Moleskine和雲端歸檔、存取資料的「印象筆記」（Evernote）最近聯手打造一套複合系統，讓你可以在Moleskine特製紙質的筆記本上書寫、塗鴉，之後這些頁面會自動數位化，並經由「印象筆記」上傳雲端資料庫。我覺得這種服務太棒了，因為讓內容更好搜尋、更易使用。從札記中汲取出來的內容可以被複製、剪貼到論文或營運計畫書裡，而非重新手動打字。像這樣的創新讓我們更有效率。

我希望自稱為早期採用者，而且是從今以後基於個人信念刻意選擇百分之百完全數位書寫。然而，事實並非如此。我是歷經切身之痛才得到教訓，開始完全採用數位書寫。

那是一個夏天週末，我難得休長假，卻不知是在麵包店，還是農夫市集搞丟了我的札記；也可能是酒吧或畫廊，總之，再也找不回來了。

那是一本藍色的札記，一般筆記本大小，裡面載滿我的塗鴉及字體，而非任何密碼或銀行帳號。對任何其他人毫無價值，卻是我過去兩年來所思所想的紀錄，包括我對於數位媒體的構想與藍圖。

這件事給我的教訓就是：我必須全面改成數位書寫。

我學到，札記無法使用Dropbox或任何雲端軟體備份。也許在最完美的理想世界中，賣場裡會有一個櫃檯提供日常生活用品掃描備份的服務，好讓你不小心遺失某些東西時，還有辦法可以領回。可惜在真實世界裡沒有這種服務。Dropbox儘管很棒，卻無法備份現實生活中的實體物品。

因為遺失札記的慘痛經驗，我開始全面數位書寫，結果變成那種在大庭廣眾下出盡洋相的人：坐在星巴克一角，頭戴耳機對著iPad說話。這種感覺把我驅逐到咖啡廳與公車站的陰暗角落，以免我喃喃自語的行為干擾其他顧客及乘客。遺失札記把我變成發瘋的老醉漢，成天自言自語。

當然，也有好處：現在我可以備份任何我寫下來的東西。如果哪一天我有了兒女，會拿剩下的空白札記頁面給她當圖畫紙；或一台二手iPad，這樣她的塗鴉就可以流傳千年。以數位方式進行創造讓我們永垂不朽；以類比方式創造則使我們變得謙卑。

我不是史上第一位遺失札記的作家，有些作家損失更嚴重。小說《在火山下》（*Under the Volcano*，暫譯）作者麥爾坎・勞瑞（Malcolm Lowry）退隱至英屬哥倫比亞海岸進行第二部作品。他住在一間自己用漂流木蓋成的小木屋，花了七年寫作。就在他準備將手稿寄給出版商時，一場大火燒毀小木屋，所有心血付之一炬。之後他再花七年重寫，最終出版《湛藍》（*Ultramarine*，暫譯），但他對此作品不甚滿意。一般而言，重建的作品會受到失去原始手稿的影響，鮮少超越原稿。

儲存鍵有一種確定感。好比我現在正進行的這篇文章，當我按下儲存鍵時會知道它即時被複製、上傳到雲端。我知道自己的文章被完整備份，心裡踏實得很，至少直到雲端服務終止、所有資訊湮滅成數位灰塵的那一天為止。我想像那將是一場大爆炸，就如同影集《Lost檔案》（*Lost*）中，洛克（Locke）摧毀達摩計畫的天鵝基地一樣。在醞釀倒數情節的過程中，你看到的是，電腦翻覆、鋼牆倒塌、梁柱損毀、倒數計時器自爆、刀刃齊飛、金屬支柱斷裂；你聽到的是，金屬因扭曲變形發出高亢哀鳴、電磁鐵扭曲牆壁引爆災難性悲嚎、一道女性聲宣告系統失效。最後，洛克終於認錯。這無疑是電視史上最精采的三分鐘。

但短期內數位雲端服務並無崩潰之虞。

也許要等到五十年後，屆時我們已無力再供電給雲端系統。臉書、亞馬遜、蘋果及推特都有自己的雲端。基本上，雲端就是新興的淘金地，只不過，人們挖的不是金，而是雲；Adobe及沃爾瑪等老牌企業也有自己的雲端；現在甚至有公司專門販賣雲端系統管理工具給其他小企業，好讓他們自主管理。

雲端是一道潮流，有一天熱潮可能會消退。也許到了那一天，人們會回歸較簡單的生活模式，重新拿起筆墨書寫，並且承擔可能永久遺失書寫內容的風險。

印刷與數位同樣無常，我們無論採用哪一種形式呈現作品，都可能瞬間遭毀。但至少數位版本可以留下備份。

然而，備份功能也有害處。隨著數位書寫逐漸普及，可供拍賣的手稿數量也日益減少。以往在收藏家的圈子中，某些小說的初版甚至作家的親筆手稿，市場價值都很高。手稿數位化後，收藏便失去意義。收藏品的價值通常取決於稀缺性。如果一樣收藏品可以無限複製，將毫無價值可言。

即使我看好數位書寫，在撰寫這一章節時還是得說，我的文字處理軟體掛點兩次，險些失去每一個字。我使用還原功能復原後，有許多部分仍得憑記憶重寫。所以數位書寫也並非十全十美。

以上警告暫且不提。如今數位創作日趨風行，「作家身分」也跟著蓬勃發展。數位書寫比老式的打字機更能加速出版步調，電子書只需費時數小時即可自行出版。邦諾書店、亞馬遜與個人出版商「衝擊文字」（Smashwords）都各有出版網路平台，切斷作者與出版商之間的連結。懂得善用這些新工具的精明個人出版作家都紛紛冒出頭。

關於美國獨立戰爭，林肯（Abraham Lincoln）在「蓋茲堡演說」（Gettysburg Address）中清楚指出，這是一場民有、民治、民享的戰爭；但我可以告訴你：電子書革命是由零售商發起、衝著出版業來、為了造福讀者。

怪的是，在這一波革命中，作者的角色受到的波及最少，他們依舊用電腦或打字機寫作。沒錯，雖然用電腦創作作品會流通更快、出版加速，有些作家仍然用打字機寫稿。當今作品出版的即時性前所未見。

事實上，以數位方式寫作的作者人數快速增加。在Kindle的個人出版領域上，有數不清稀奇古怪、不知其名的電子書，內容從《奧德賽》（*Odyssey*）的「佚書」，到各種宇宙怪論。電子書及個人出版平台崛起等於給了無名作家一支大聲公，讓他們有機會被聽見。有些人從個人出版起家，再回頭把作品賣給大型出版商，更能名利雙收。

這類作者靠個人出版初試啼聲，但唯有獲得大型出版商支持才能真正功成名就，因為它們協助素人作家雕琢作品，以便更合乎消費者的口味。傳統出版商除了提供素人作家更大、更好的銷售通路和更多讀者群之外，坦白說更提供正統性。

有時我打趣說個人出版淨是愛貓詩集，但事實上這個圈子廣無邊際。多希望我能簡單快速瀏覽每一篇文章、多希望我能置身內容吃到飽餐廳，一次吃個夠。我真的很愛閱讀，那種感覺就像是把一隻餓昏的雜食性動物放進吃到飽自助餐廳一樣。

現在正是讀者享受閱讀的最佳時機。

對作者而言，這是個書寫的民主時代，任何懂得用微軟文字處理軟體（Word）及部落客創作工具的人都可以自行出版。但民主也帶來過多選擇，以至於有時候「選擇的悖論」（paradox of choice）變成了至高無上的真理。兩、三百年以前，讀者們可以選擇的作家可能僅限於丹尼爾・狄福（Daniel Defoe）或強納生・斯威夫特（Jonathan Swift），但現在作者太多了、**選擇**太多了。事實上，幾乎可以說是選擇太多了。

當選擇太多時，人們反而害怕做決定，這就是所謂「選擇的悖論」。選擇巧克力或香草口味的冰淇淋比較簡單，但三一冰淇淋店（Baskin-Robbins）共有五十七種口味，你可能會不知所措地盯著冰櫃發呆，最後兩手空空地帶著絕望離開。

電子書革命除了挾著書海淹沒讀者外，還促使作者面對更多的要求，尤其那些選擇與大型出版商合作的作者。

出版商最終將要求所有作者登錄可提供作品統計數據的網站，這裡統計作者每一篇文章的閱讀率、哪幾頁瀏覽量最高、哪幾頁社群網站分享率最高，甚至還會列出讀者糾正的拼字或時代背景錯誤。

作者得據此修訂作品的第二、第三版，或甚至還就讀者喜好、閱讀難度分析，以便構思下一本新書的內容，而編輯在整個流程中甚至可能沒有立足之地。以這些網站成千上萬名讀者的數據和他們對內容的反應作為橋梁，未來的「作家身分」可能是作者與讀者間的直接關係。

展望未來，作者將必須兼任業餘的統計分析師；同理，這些統計數據也將影響書寫過程。未來電子書的創作過程將不再是靜態活動。

當傳統品牌要發表某項新商品廣告前，通常會拍攝好幾個不同的版本，並進行所謂「A／B測試」，指的是將A版廣告播放給某一群觀眾、將B版廣告播放給另一群觀眾，進行市場測試。幾天之後蒐集不同廣告的結果，對觀眾影響力最高的廣告就會獲選成為在全國播放的主打廣告。同樣的過程可套用在電子書上。作者將可以發表A版、B版兩套故事架構稍異的電子書，待讀者的回饋出爐後，再正式出版市場反應較好的版本。

你與朋友所讀的電子書即使書名相同，內容可能相異。電子書不再靜態進行，就像廣告客製化的道理一樣，你電腦裡某個網站的頁面跟我的不盡相同。對作者而言，未來寫電子書就會像去眼鏡行配眼鏡一樣，是A鏡框比較好看？還是B鏡框比較好看？

未來的書寫方式將一再演變。作者們得身兼工程師、行銷人員與統計分析師等數職。但是，他們的本業當然還是作家。

書籤：退化中的文本

中世紀修道院僧侶在謄寫卷軸和羊皮紙上的古文時，都竭力保持原稿內容的完整性；目前大多數我們所見柏拉圖與索福克里斯時代流傳下來的希臘古文，也是阿拉伯人用同樣方式保存下來。他們極力避免誤植文字、產生錯誤，一如過去的賢人智者守護文字純度。

但是現在我們置身更重視資本主義的時代。電子書引爆的數位化狂潮突然催生出一群想從書本中獲利的人。當這些奸商急於搶進，搜刮暴利的同時，他們所提供的文本品質也跟著降低。

例如，有一個類似古騰堡計畫的網路免費資料庫，數十年來持續歸檔書冊，被一家批發商在短時間內取得後，重新包裝放上Kindle與iPad販售。這些書籍雖然不如《紐約時報》上的暢銷書一樣廣受歡迎，但仍有書迷願意付合理價格購買，而且雖然可能獲利遠不及其他當代流行的書籍，但其實無須花費多少工夫就能上架販售，畢竟早已寫好並數位化，只需轉檔成電子書格式便大功告成。

由於目前電子書的熱潮正旺，許多人重複轉檔同一本書，提供各式各樣的版本販售。有時候一本書同時可見許多不同版本，但每個版本各有不同錯誤。因為這些人都是一次處理一大筆，很少費心編輯，也不修正轉檔過程出現的錯誤。這些文本品質通常參差不齊、段落支離破碎，甚至通篇遺漏。

在某些極端例子裡，有些書籍品質糟到根本無法閱讀。較常見的情況是，文本中沒來由地冒出一長串任意敲打電腦鍵盤的亂碼符號，就好像是有人在用外國話對著你罵髒話。日文中有一個很貼切的對應字眼：mojibake（亂碼）。這個現象通常發生在瀏覽外國網站、字碼轉譯功能失常時，如今在電子書中也很常見。雖然這個問題在公有網域的文章中較常發現，但即使是頂尖出版商出品的書籍也看得到，尤其是當他們急於出版，無法花費足夠時間審查產品品質時。

你不能責怪那些頂尖出版商行事太草率，某個程度而言，時下每一名出版人多少都有點像賭徒。數位化全世界所有的內容是致富的大好機會，對於我們整個文化而言，可謂千載難逢。

在這些賭徒及投機分子當中，有些人特別詭計多端。我認識一個俄羅斯人，曾帶著一台平板掃描儀進入克里姆林宮（Kremlin）檔案室，無情地掃描檔案室裡所有的書籍，意圖販售這些書籍的數位檔。三年後，他累積足夠數量的書籍掃描檔，便以廉價印刷複製品的形式販賣，但由於他使用的掃描機只有黑、白兩色，缺乏灰階功能，掃描檔的品質太低以至於無法將掃描檔轉為數位圖書檔。

對這些亂碼騙徒而言，現在是商機處處。所以，不妨買一台平板掃描儀，帶去冰島或挪威住個兩年，看看你能數位化什麼玩意兒。這股數位化淘金熱潮正夯，你在挖礦同時可能會發現一種從未有人發掘過的全新礦藏，並因此創造出新市場。

我特別認為樂譜、古老手冊及明信片等有此可能。這個世界充斥各種豐富素材，足供掃描及數位化，書本只是其中一環。報紙及雜誌已包含在目前這波數位化熱潮之中，但坦白來說，我客觀公正地認為，書本比任何其他素材而言都更美妙。

除了書籍之外，各朝歷代發行的無數小冊子、漫畫、報紙、雜誌及短效印刷品都可以拿來數位化成為商品。書本只是所有可能性的冰山一角。印刷品世界比表象所見更深，文字底下還有一個廣大隱晦的生物圈等待探索、挖掘，然後數位化。

但你怎麼想呢？你希望看到哪些素材被數位化？像早餐穀片的包裝盒及賀卡等短效印刷品中，哪些是你認為有必要永久保存的呢？

http://jasonmerkoski.com/eb/20.html

21 數位化文化

電子書未來如何演變，說法不一而足，但我預見最先發生的景況是「公用事業」（utility）模式，意思是，取得電子書的方式有如每月訂閱奈飛思線上影音服務。我們將水、電、電視看作公用事業，多數人都要付費使用，有些是以單一費率計算，有些則是使用愈多付愈多。

現在，當你購買一本電子書，你是完成單次交易；但在公用事業模式裡，你會採月繳或年繳的方式付費，然後享有無限下載量。也許那本電子書並不真正屬於你，就當它們是租來的，隨時想讀就讀。電子書下載速度一向很快，不一會兒就進了你的電子閱讀器。也許一、兩個星期就會到期失效，但你隨時可以再下載一次。它就像水龍頭，只要打開，水就流出來。電子書也是這個道理。

最近亞馬遜推出一種類似奈飛思的服務，但僅提供亞馬遜書店裡的一小部分書籍，而且每個月只有一本免費電子書可供閱讀。如果奈飛思只提供大自然紀錄片、一九八〇年代卡通《太空超人》(*He-Man*)和墨西哥摔角節目，你還會想訂閱嗎？除非你是業餘摔角選手，否則你會等更多電子書出現再說。

當然，真正的愛書人可能會堅持閱讀實體書，原因之一是書香味，不過未來電子閱讀器製造商或許可以附加散發老書味道的功能。揮發性化學物質如乙酸、糠醛、脂質過氧化等可以製造出那種陳舊味道，而且可以輕易地加入製造過程中。

另一個愛書人還不放棄實體書的原因是它們還沒有電子版本。Kindle推出時，網站上販售約九萬本電子書；即使到了我撰寫這本書的當下，總量也僅有一百八十萬本。聽起來好像不少，但比起實體書的三千五百萬本就是小巫見大巫了。雖然電子書供應有限不影響執行長、前任總裁、太空人這些早期採用者的購買意願，但主流大眾卻會想要更多內容選擇。

我認為，為了數位化更多書籍，應該要有一家企業創造一具大小如烤吐司機的裝置，而且可容納多數規格的書籍。這個裝置能快速翻頁，並拍攝每一頁內容，然後上傳雲端。這具書本吐司機也夠聰明到可以自行處理一些問題，如光線不足，或字體太靠近書頁中央位置而變形。如果你不相信，不妨試著將一本書放到影印機上，你會發現那些靠近書頁中央位置的字體歪七扭八、難以閱讀。

我想，這種裝置可能會被稱為電子書吐司機。就當前科技產品的進展來看，電子書吐司機可能會有點危險，機身應該要附上警告標示說明十八歲以上才可使用。為什麼？因為內附兩把利刃，以便裁切書背。就像尋常烤吐司機會有裝貝果或是披薩屑的托盤，電子書吐司機也會比照辦理。如果書本會流血，那也是滴在這個托盤上。

在吐司機內部，機械手臂會伸展，一次翻開一張書頁，讓內嵌的鏡子和相機仔細拍攝每一頁。當所有程序都完成後，你若不是用橡皮筋紮好剩下的書頁，繼續保留這本書，就是把它扔掉。只要你的電子書吐司機連線你家的Wi-Fi，大概過一小時就可以拿到這本電子書。它會顯示在你電子閱讀器螢幕上，隨時可供閱讀，沒有麵包屑，也不會烤焦。

當電子書吐司機完成工作時，電子書會重新組合原本的書頁，轉成一個自動優化的顯示格式。這個動作會幫你將實體書轉換成數位格式。也許每本書得花上半小時，一旦完成，這個過程就會像是把CD轉換成MP3格式一樣。不管何時何地、何種裝置，你的電子書隨侍在側。二〇〇三年，我花了幾個月將CD一片片放入電腦，逐步數位化我收藏的音樂；如今這些音樂檔案將可永久保存。

也許除了自己在家裡用電子書吐司機處理外，也可以雇用一台電腦幫你完成數位轉換。像我們這樣的讀者是不會簽什麼合約，讓印度或菲律賓的轉檔中心一本本地處理我們的私人藏書。但沒關係，總是會有人創業提供這類服務，並酌收費用。我想，不出幾年，你就可以打包幾箱的實體書郵寄到轉檔中心，全程處理印刷到數位的轉換程序，然後再依照你要求的格式寄還。也說不定你會在賣場看見更大型的電子書吐司機呢。

你可能會在賣場看到資訊服務站，讓你把書帶去那裡轉檔成數位格式。你可以站在旁邊看看他們的處理流程，也可以先去美食街買蝴蝶脆餅塞牙縫，然後踅回來拿硬碟儲存電子書。你可以在賣場或租金便宜的零售小店找到這種資訊服務站。他們就像電子灣運送中心一樣，讓你在那裡包裝並寄送商品。這是一種你願意花小錢省麻煩的服務。

這種交易有點像是找汽車黑手來換輪胎，你除了會有更新、更好的輪胎，沒錯，你還得付一筆費用處理廢棄的舊輪胎。以電子書為例，就是處理你的實體書。轉檔機器很可能會採用所謂的破壞式掃描系統，即實體書轉換成數位格式後就一併處理掉。多數出版商將實體書轉換成數位檔就是這麼做。

當我到了破壞式掃描處理中心時，看到應該屬於屠宰場的機器，揮舞著利刃俐落地切下書背。有時候這些程序會是人工處理，結果比較不細緻，可能會是一群印度女性坐在長桌旁，手拿短刃完成相同的工作，但是成本更低。

我想你會在賣場看到這副景象：手指靈活的年輕人揮刀從書上劈掉書背，然後快速掃描每一張書頁。這本書在這道過程中就會被銷毀。除非你對那本書有特殊感情，否則會對這道過程不痛不癢。這就像是你造訪眼鏡行一樣，一小時內就可以拿到一副全新眼鏡。

你可以輕易想像，一旦人們知道可以交換掃描檔，檔案分享的地下經濟將隨之崛起。人們可能將電子書吐司機藏在大衣外套裡，走進書店掃描當週暢銷書。但我正面看待這種轉換行為有助於二手書市場成長，將可能性轉為必然性。也許這種裝置還會催生合法的二手電子書店；也許二手電子書會像電視影集《糊塗情報員》（*Get Smart*）裡史麥特（Maxwell Smart）的祕密情報一樣自動銷毀，但之前或許還可以轉售個一、兩次。

書籍很重要，所以乾脆就讓消費者擁有它們，管它是不是二手。出版商應該要能獲取合理價格，作者、零售業者之類的中介商也是。因為少了這些人，整個體系就會崩毀。同樣地，我認為圖書館也能從中獲益。也許會有一家公司專門處理各家圖書館借閱電子書數位檔案的工作，這樣一來就無須勞動每家圖書館重複數位化每一本書了。

當然，書本的價值將會改變，也許是變得更好。現在，深奧和珍稀的書籍都因為數量不多被視若珍寶，一旦書本經過數位化處理後，加上無止境的安全備份量，價錢沒理由不下滑。價格應該追隨新模式而定：書籍的定價應該與普及度成反比。

我們從一九二三年之前的絕版書看見這道趨勢。書籍數位化之後就可提供免費閱讀。它們會是公眾範疇的一部分。有些古老書籍還沒有提供民眾閱覽，等它們數位化之後就會吸引歷史學家、學者或任何無意間點選臉書版閱讀平台的讀者。這些古書的成本將會便宜得要命，幾乎不用錢。

反之，現今最受歡迎的書籍應該最貴，如那些刊載在《紐約時報》的暢銷書，這樣才能彌補出版商投資在推銷和創造消費者需求的行銷成本。但是，五年前高掛《紐約時報》暢銷排行榜的書，價值恐怕不比刊登在上週暢銷排行榜的書。我們發現新書價錢會隨時間折舊，但舊書、罕見書籍卻依然居高不下，全是因為它們還沒有被數位化。

零售商可能會因此變成新型態的圖書館，即使這將會是個令人心寒的轉變。

這種轉變真是嚇死人，但頗符合我們文化的走向，意即將生活裡一切事物都商品化。這道潮流就可以合理解釋，為什麼書籍零售商會成為我們的文化管理員。圖書館曾經掌控世界上所有知識，除了幾個極少數的例外，全球已經沒有任何一家圖書館的藏書量勝過亞馬遜、Google或邦諾書店。資訊唾手可得，但再也不會免費取得。

理智上我並不全心歡迎這樣的未來，但看來就是如此。零售商將成為新型態的圖書館，也許最早發生的市況會是出版商相互購併，取得更有利的電子書交易條件，以及提供零售商的折扣優惠。確實，最近藍燈書屋和企鵝出版社的合併讓我們做好看見這幅未來景象的準備。小型出版商為了保有競爭力，可能感受到購併或合併的壓力，但組成聯盟後就有籌碼可以和零售商談判。

但到頭來，阻止亞馬遜這類企業購併大型出版集團究竟會看到何等光景？蘋果也許因此必須反擊，買下其他大型出版商；零售商會嘗試爭相出價購併出版商大部分內容股權，好成為書本、雜誌、手冊等各種書寫文字形式的主導供應商。

一旦這樣的未來走到盡頭，接著又會發生什麼事？零售商會自行聯合成一體，像一九九〇年代的銀行一樣？還是政府會買下它們，當作壟斷書寫文字的反擊，或僅是零售商出於害怕，所以就劫持並審查語言？蘋果會不會派出特使到全世界的公立圖書館，授權它們使用數位內容？

我沒有答案。我的水晶球對這些問題一片暗默。我剛加入亞馬遜時，他們曾發給我一顆神奇八號球。他們一次發給所有的新進員工。我搖著亞馬遜的神奇八號球，這一次它說：「以後再問。」現在，未來仍依舊霧濛濛，就像壞掉的電子書螢幕般一片漆黑。

§

只有一件事是確定的：從以前到未來，內容永遠稱王。

顯然，在文化上，數位把我們迷倒了。電子書如此合情合理。但在未來幾年，實體書又將如何？

隨著愈來愈多人購買電子書，就會開始愈來愈習慣這麼做，一是這種體驗黏著度高，二來是當你擁有愈多電子書，從網路搜尋和索引的獲益就愈大。這是實體書力有未逮之處。

到頭來終將會頂到臨界點，數位圖書帶來的好處就此勝過實體書，閱讀就會大量從實體書轉移到數位圖書。圖書產業裡沒人確知臨界點在哪裡，也許當亞馬遜或蘋果數位化九五%書籍後，人們自然就會踏入電子書的世界了。

但短期內大家的個人圖書館裡會是半數位圖書、半實體書。那些一路看著演變的人終將明白，隨著愈來愈多消費者開始購買電子書，他們再回頭看自己的藏書，就會想辦法處理等著被淘汰的實體書。

很顯然的，結果就是賣掉它們。

未來十年你會看到大量前所未見的二手書拍賣，只要能掃出家門，多少錢都好，這一切只是因為數位化是更簡便的選擇。說真的，實體書一點也不方便。我就有四千本，這表示我每次要搬新家時就得打包裝箱、上下運送，總有一天會壓垮我的背！所以我已經開始賣書了。

我已經在亞馬遜二手書店賣掉一千多本書。過程很簡單，特別是如果你有一台內建視訊鏡頭的電腦可以掃描封底條碼，就像零售商在結帳時用雷射掃描器那樣。「美味圖書館」（Delicious Library）這種軟體可以自動完成許多相同的事，而你只要成為亞馬遜賣家中心的免費會員，就可以賣二手書了。你不用像我一樣在亞馬遜工作就能享受這些好處！

事實上有一種次文化正在發展。有些人會帶著筆電到二手書店，用視訊鏡頭掃描條碼，尋找值得買的二手書，然後大量收購，再以更高價上網轉售。未來幾年你會發現這種情形將愈來愈多，而且智慧型手機上有更好用的工具，讓非專業人士也能靠此過活。

隨著電子書愈來愈靠向主流，我想未來五年就會看見二手書跳樓大拍賣。事實上，書籍將供過於求。如果你像我一樣，會感傷不中用的二手書被放上破爛書價待價而沽，等著瞧好了，你會發現實體書的處境更加淒涼。

現在花十美元、二十美元就能買到的二手書，將來若能賣十美分、二十美分就要偷笑了，因為市場到處看得到沒人要的實體書。少數書籍收藏家會在大拍賣中搶購精選佳作，但仍有大量書籍就算一本賣一毛也乏人問津，因為買家就是這麼少。這將是買方市場。賣不掉的書會被送給圖書館，但這裡也不會有無限空間存放這些書。

二手書大量傾銷，書本價值日益下滑。我們的文化即使走到大量產製的年代，仍一直視書本為珍寶，畢竟，它還是被當成地位象徵。富人會在豪宅裡精心打造圖書室，即使多半淪為裝飾品而已。

但是，當書賣不掉、開始被丟棄時，我們的文化會變成怎樣？首先，你會在紐約或舊金山看見賣不出去的書籍堆放在時髦社區的外緣；接著，你會在週日晚間的垃圾堆旁看見成堆書本供人拿取；然後，你會在其他城市的社區週末活動中看到參加者互換書本。

假設全美有一億一千九百萬名讀者，每人平均有一百本書，未來十年間將有一半因為數位化而被淘汰，六十億本書會以各種方式被丟棄，約當四十億噸或十年的垃圾量。總是要讓書有個長眠之處。

我想你會看見一個垃圾場與圖書館的奇怪綜合體，也許是在垃圾場裡劃出一個區域隔開將被丟棄的書和其他垃圾；區域管理員可能是投機客或愛書人，他們以秤重或整車方式賣書。這些書的下場是什麼？也許拿來當柴火或燃料燒了。

當書本數位化，愈來愈少印刷成書，實體書銷量銳減，加速書店衰敗。現今的實體書店奮力與亞馬遜或沃爾瑪等線上零售龍頭競爭價格和選擇性，數位化只會加速崩毀。

多數零售書店還沒過渡到新的數位文化。即使在讀者相對較多的大學城裡，書店仍陸續關門大吉。只提供新書的一般書店將受到雙重打擊：實體書愈來愈少、二手書大量傾銷，之後因此垮台。

出版商常抱怨數位化圖書迫使精裝書滅亡，我想他們說對了。精裝書是印刷的工藝品，也是出版商發現可以從石頭裡榨錢的技巧。他們先出較高價格賣書給第一批買家，幾個月後再發行便宜版本賣給大眾。

電子書切斷這種生財之道，讓內容更民主化。從好的一面來看，讀者可以一如期望地花少少的錢就買到優質內容，不用因為精裝版本荷包大失血；但反過來說，出版商的一筆營收就飛了，這意味著冒險製作新內容對他們而言變得更困難。

出版商通常有一套產品組合，和你的投資組合差不多，有些像債券一樣低風險、低報酬，有些像股票一樣高風險、高報酬。電子書革命可能會促使出版商在冒險捧紅新作家之前三思而行，或者，這種經濟壓力會讓它們在數位出版世界冒另一種風險：創造新的產品體驗。

這種方向還算正確，即使有些出版商必須勒緊褲帶，有些則選錯時機大膽冒險垮台，但這都是良性結果，因為閱讀文化正在改變。

以前你可以進入任何大學城的咖啡廳打發時間，看看人們坐在桌前閱讀。但現在一切都改觀了。如果你是學生或家長，也許早已見怪不怪。相信我，我真的知道。每次出差拜訪出版商時，我都會轉到大學城裡溜溜，看看校園書城和咖啡廳的景況。

我走進咖啡廳前會期待看見一些變革，像是看到有人閱讀《共產黨宣言》（*The Communist Manifesto*）或至少是科幻小說。但現在我看到的是，所有人坐在筆電前瀏覽臉書或YouTube。雖然咖啡廳裡放著爵士樂，大家還是戴著耳機聽筆電。書本變成咖啡廳櫥窗的最佳裝飾，徒留咖啡廳過往功能的空殼。

廣泛來說，書籍在我們文化中的角色確實變了，愈來愈像裝飾品。實體書都到哪裡去了？沒錯，它們都凋零了。咖啡廳的角落結了蜘蛛網，像我這樣的幽靈則坐在華麗織紋的沙發上看著每個人坐在桌前玩臉書。閱讀從來就不是社交活動，所以我沒有驚惶失措。事實上，我很高興，因為我知道，隨著數位圖書的成長，咖啡廳裡會有愈來愈多人重拾閱讀。我指的是真正的閱讀，不是在網上瞎看一通。

當然，缺點是人們可能會期待，電子書就像網路一樣，是個可以隨時取用的內容儲存室。因為上網就像整天吃零食，不吃正餐。這是事實。書本好比是正餐，而且就像所有正餐一樣，你必須花時間準備、享用。沒錯，閱讀會花時間，實體或數位皆然。閱讀並消化一本書需要投資時間，不會隨著書的形式轉換而改變。

我記得，在伍迪·艾倫（Woody Allen）的電影《傻瓜大鬧科學城》（*Sleeper*）中，有一具名為高潮儀（Orgasmatron）的機器，每當有人想要性高潮就進去體驗。就這樣，不需做愛、不需前戲、什麼都省了。除非有人發明書本版高潮儀，讓你走進去就可在彈指間獲得所需資訊，否則你還是得花時間閱讀才能體驗。

書本之外，從書寫文字到圖像是一小步，數位化全世界所有的藝術品，無論是打包裝箱放在倉庫，或是顯眼地掛在牆上，卻是龐大計畫。數位迷倒眾生，一定會有傳道士現身，半為利益，另一半則是狂熱。所有這些實體藝術品都被數位化成為高度仿真的複製品，他們很樂意轉賣給你。

如果在客廳牆上掛一部 iPad，外層有鍍金的洛可可（rococo）邊框，上面顯示優質精選的大都會博物館（Metropolitan Museum of Art）館藏，而且每十分鐘就會換一項作品，會不會太新潮？我們既然可以用數位相框展示家庭照片，為何不在客廳展示一下世界級的藝術作品呢？

我覺得這種現象很可能會發生。事實上，我們大量數位化文化，某方面可被視為一套更高層次的精神計畫的一部分。將類比大批轉換成數位、將「黃金屋」轉換成虛無縹緲的電子，都可被視為幾世紀前就已啟動的計畫的一部分。這是人類盼將靈魂注入所有物質的夢想的一部分，它既古老卻又帶點科幻意味。

畢竟，現在網路三・〇運動已經上路，你的衣服上會有電腦裝置、電子閱讀器會與智慧型手機交談，還有你的體重計、咖啡機都會記錄你的一舉一動、偵測你的情緒、推薦你該做、該閱讀或該買的事物。誰能想像得到，賦予無生命體生命、將靈魂注入物品的夢想，最終受惠者竟是廣告商？

書籤：書已質變

以前美國境內有一種會遷徙的鳥種，叫做美洲旅鴿（passenger pigeon），當成千數百隻旅鴿結隊飛越頭頂，天空連著幾個小時一片烏黑。牠們從東岸分布到洛磯山脈，是非常成功的鳥種；化石可追溯至更新世，同期可見劍齒虎遊走在如今的洛杉磯、毛茸茸的長毛象漫步在芝加哥，或十英尺高的大地懶遊蕩在後來的拉斯維加斯。

大地懶居然曾經出現在美國，嚇到我了；所有旅鴿突然滅絕的原因也讓我目瞪口呆，只因成了盤中飧。好些世代的美國人除了鴿子肉以外沒嘗過其他肉味。幼鴿香腸、鴿肉派。大約在一百年間，曾一度是最常見的美國鳥類就這樣慢慢滅絕。

同理，書籍過去也曾有過輝煌日子，能漫遊於全世界。它們被裝在行李箱裡，跟著一九五〇年代的泛美航空（Pan American World Airways）四處旅行；它們被裝在手提包和書包裡，隨著帆船往返大西洋兩岸；它們隨著小馬快遞（Pony Express）穿越內陸；被視為是貴族女子嫁妝的重要部分。但現在，雖然死期未到，書籍的分布範圍就像旅鴿一樣愈來愈小。

你還是可以發現書本的蹤跡：某些旅館大廳積滿灰塵的裝飾書架上、主要車站失物中心的箱子裡，還有海灘度假村裡被太陽曬得發白的書架上；你還可以在大學的書城和圖書館看到它的榮景；令人驚訝的是，你也會在監獄圖書館看到書本，而且它們的瀏覽率比其他圖書館更高，足以為傲。

但它也像旅鴿、美國郊狼、黑熊、古代的腔棘魚（一種生活在幾百萬年前，僅棲息於印度洋兩個小島附近的一種恐龍魚），過去曾享有輝煌榮景，如今範圍卻愈來愈受限。

以生態術語來說，滅亡危機已經威脅到書本。

不管是在野外還是在牢籠中，書籍都無法自行再生，即使每一年有愈來愈多的書籍印刷出版。但每一年賣出的實體書數量也愈來愈少，即使我們有愈來愈多的選擇。書籍的整體銷售正在向數位傾斜。

滅亡危機已經威脅到書本，但就像最聰明的野生動物，它們會適應，進化成為電子書。

對我而言，成為書籍的未來預言家實在挺矛盾的，就好像是電報或轉盤式電話的未來預言家。因為在我看來，實體書的死亡喪鐘已經敲響。書本這項印刷工藝品會被放入一個神聖的骨灰罈，匣式錄音帶、留聲機、雷射光碟已經等在裡面了。但實體書還沒有死，而且不會就這樣緩緩沒入夜色。

未來，大約距今十年後，你走進高檔的家飾店，穿梭在地毯、壁毯和大尺寸古甕和填充式動物頭像標本群中，會開始看到書本被當成裝飾品出售。它們可能會以銅帶纏繞，增添一些藝術氣息；書背上可能會有一個鑰匙孔裝置；它們可能會精緻仿舊或是上漆；也許它們會被直立在基座上，也可能放一隻陶製小鴿子棲息在上頭。你會開始發現，書本逐漸變成藝術品。

今天我晃去地方上的藝術小鎮，看到三家店面販賣這些質變的書本。有些變成紙漿，再形塑成一棵樹，一小本書像果實一般掛在樹上。我還看見一本書，頁緣被筆刀小心裁切，描繪出一幅孩子們在田野間玩耍的景象。

我們的文化將書本變質成為藝術，該如何看待這件事？對我而言，這代表我們意識到書本正消逝，為此感到哀痛；我們感受到對書本壓抑的懷舊之情、意識到這是名副其實的損失，卻僅能靠筆刀和噴漆罐表達。我們改變書的本質，把它們變成藝術品，用無法訴諸言語的創意向它們致敬。我們改變皮革裝幀的單調書籍，讓它從商品變成了一道藝術宣言。

我們多多少少意識到，藝術比商品流傳更久遠，我們的藝術家便賦予書本新功能以便搶救它們，希望藉此讓書本流傳千古。因為，就讓我們把話說白了，你真的認為，在一個硬碟便宜又大碗的年代，那些大型圖書館守得住所有的實體書嗎？你真的認為，美國國會圖書館數位化所有館藏之後還會保留實體書嗎？當然不會。何況，要怎麼保留？有太多東西要被保留了。

所以實體書將會大量滅亡。它們不會拍打書頁升空、發出鴿子撲翅的聲音，遷徙到海外。書本將亡。未來的考古學家將會談論古騰堡時期和我們此時急遽的中斷，並認定一樁重大的滅亡事件，導致在化石紀錄裡一本書也不留。

藝術家喬治亞・歐姬芙（Georgia O'Keefe）的作品描繪沙漠中一顆被太陽曬得發白的頭骨。當藝術家四處遊歷畫下古騰堡時代末期的景象，他們可能會在文學地標中畫出被曬得發白的書籍殘骨。

我高度評價實體書，但也已經想到，它們將逐漸慘白、褪色、疲軟、衰亡，不像電子書那般閃耀電力與驚奇。我看著整面印刷裝訂的書牆，好似它們都是放在骨董櫃裡打磨光亮的骷髏頭。它們的消逝令我痛徹心扉，但它們邁向未來、進入數位化，我也同感興奮。

你怎麼想呢？你如何平復實體書死亡的傷痛？你是否曾以自己的方式為書本哀悼？你願意跟他人分享你的想法，幫助他們度過傷痛的過程嗎？

http://jasonmerkoski.com/eb/21.html

22 閱讀：一門日漸式微的藝術

我無法欣賞小提琴演奏。不管多出色，對我來說，小提琴聲就像拉扯病貓的內臟一樣。雖然理智上我知道，一定有驚為天人的小提琴演奏家，但儘管我的腦袋能理解，內心並不欣賞這類型音樂。

有些事情單純是品味使然。香菜、壽司、古巴雪茄、德式搖滾、蜘蛛。無庸置疑，前述東西裡面，有些也許你看了就覺得惡心，有些不僅投你所好，你正巧還是行家。你對某幾樣的喜惡是學來的。例如，在美國，我們學會欣賞壽司，基本上它就是生魚片；反之，蜘蛛就幾乎不曾出現在高檔餐廳的菜單上。

文化，隨境而異，每一個曾經出國旅遊的人都知道，文化的差異性很大，但有些東西卻是舉世皆然。

比如，我們天生就有說故事的能力。

不管是希臘荷馬史詩的口傳文化、美國原住民納瓦霍族（Navajo）的故事、強納生·斯威夫特、查爾斯·狄更斯（Charles Dickens）或任何近代作家，你會發現，多數的故事都與人有關。沒什麼好驚訝的，我們是人，也關心其他人，這是我們承襲自部落猿人時期的傳統，已是與生俱來的天性。我們的大腦是被植入程式一般會關心他人、發現對方迷人之處，甚至就算不在眼前，也能看見他們如黑暗中的鬼火般出現。

以「空想性錯視」（pareidolia，譯注：意指從無意義的事物中看出有意義的形狀）為例，雖然聽起來像是一種病，實際上卻是人類行為中常見的傾向：我們傾向看見臉，而且不是任何像熊、熊貓或魚的臉，而是人臉。我們在樹木的渦紋、頭上的雲裡看見人臉。新墨西哥州南部甚至有一間供奉玉米餅的小廟，如果你仔細看，會發現玉米餅上有張耶穌的臉。當我們看見類似人臉的東西時便會扣下扳機，但有時候會不小心擦槍走火，這就是空想性錯視。尋找人臉顯然夠重要，因為這是深植於我們內在的生物程式。

說故事同樣也是與生俱來的能力。

好故事讓我們投入在乎的事物；好小說能清楚描繪出一個人穿著駱駝毛大衣，或有一把紅鬍子之類的。如果這些描繪太抽象，我們便無法投入。同樣地，一本食譜若是沒有澆淋著巧克力醬的甜點照片，或是一張煎得恰到好處、泛著油光的沙朗牛排美照，我們絕不可能對著這本食譜垂涎三尺。

這些大量細節就是讓書好看的祕訣。也是有一群品味獨特的讀者會欣賞薩繆爾・貝克特抽象、脫離現實的小說。我們需要能讓我們共鳴的細節，或是更精確地說，與我們的想像力共鳴。

就我所知，沒有一個臨床醫師曾將想像力獨自取出來。沒有一本解剖學書解釋過這件事；沒有任何一間哈佛的大腦實驗室，會為了尋找難以捉摸的想像力而活體解剖一隻兔子。它不能用鑷子夾除，也無法釘置在塑膠解剖盤上。不會有瘋狂科學家在科學期刊《自然》（*Nature*）或論文網站arXiv上刊登想像力的文章。想像力不能像怪誕的雙頭蛇那樣裝在瓶子裡，在嘉年華會中展示。事實上，想像力抵抗我對它的描繪，以至於我只能說出它不是什麼。但我們都有想像力。有一派學說認為，我們之所以擁有想像力是因為演化心理學，這份解釋源自於我們人類遠祖在非洲大草原上的生活經驗。如果你相信演化的觀點，這個學說也許可以解釋想像力是一種掠食者與獵物間延伸出來的警覺。

在大草原上，你必須對獅子和老虎保持警覺。你聽見暗夜裡樹枝斷裂的聲響，聯想到老虎靠近，並依此反應。同樣地，你若想當一名成功捕捉獵物的狩獵者，就必須了解獵物的腦袋怎麼運作。例如，你必須參透牛羚的想法，了解牠行進的節奏、預測牠的反應：牠可能會跳過哪些岩石、躲在哪棵樹後面。

就此而言，狩獵需要說故事的能力。由於想像力與我們的生存連結，也就是成為掠奪者的能力與被獵捕的恐懼，想像力因此隨時間發展成演化的適應能力，理所當然地與我們的大腦連結在一起。

無論想像力怎麼改變，我們可以透過它進入一本好書的世界。你二年級老師也許能帶你發展出欣賞書本的潛能，但這本來就是你內在的一部分。我甚至可以跟你打賭，你第一次發現想像力的時刻，就是當你童年閱讀一本書時。也許那是個講述天使之焰的巫師大戰惡龍的奇幻故事；或是關於氪星（Krypton）、伊莎莉雅星球（Eternia）的超人漫畫；或是你自己想像出來的《聖經》英雄飛越天空的故事。

想像力是我們身為人的一部分。我們尋求一種模式並套在自己身上。我們閱讀一本書，將作者提供的細節連結我們的現實生活。紅鬍子男人的那張臉是誰的？你的想像力為了填補那些空缺會製造出許多細節。也許你會在那把紅鬍子後發現一個老教授。作者不需要逐字逐句寫出那些細節，他可以仰賴身為讀者的你去彌補那些空白處。

你用想像力拼接起細節，就像你有時候會在樹節中看見人臉一般。

想像力是內化的能力，但可以透過訓練增強。

沒有人會從閱讀愛情小說直接跳去看薩繆爾・貝克特的《等待果陀》（*Waiting for Godot*），但我們的確隨著強化自身批判性思考、追尋細緻與矛盾，逐漸成為一位貪婪的讀者。我們渴求愈來愈複雜的細節及遊走在灰色地帶的角色。至於文字，我們則渴望偶得的巧思新意。

事實上，我們渴求的是經驗本身帶來的充實感，一旦作者的文字無法滿足我們時，我們帶入自己的經驗。當你讀一本小說時，會用自己生活裡的細節補足作者失蹤的空缺。你拿自己的視野和知識當作素材，填入作者的故事。

閱讀仰賴你絕大部分的自身經驗，事實上，仰賴每一位讀者所有的經驗。

可悲的是，雖然當今讀者並未放棄閱讀習慣，閱讀率正一路下滑。只要你曾是讀者，就會一直都是讀者。現實情況是，每年發展出閱讀習慣的人口愈來愈少。對孩童而言，將想像力發展到能從中得到樂趣需要時間、啟動回饋機制需要時間。願意買書的新讀者逐年減少，這是一個族群動態的問題。希望人口增加，生育率必須大於死亡率，而除非生育率停止下滑，否則閱讀免不了衰退。

我可以踏上臨時演講台、站在一萬個街角宣傳閱讀的重要性，但注定徒勞無功；我可以用自己的電視台，和導演李瓦・波頓（LeVar Burton）、歌手小賈斯汀（Justin Bieber）、戴面具的墨西哥摔角選手，一起教導孩子們閱讀，但這也於事無補。

我可以空投百萬本愛情小說到阿帕拉契山區最窮苦的地方，這裡是全美識字率最低的區域，但這一樣無濟於事。在數位媒體的強襲之下，閱讀將消失無蹤，猶如一種凋零的藝術型態，像國際標準舞、阿帕拉契小提琴樂一般被打入冷宮。

如此一來，你可能認為閱讀的未來注定滅亡。電影和電視已經提供我們過量的細節，閱讀該如何應付這樣的情況？當你看《星際大戰》，你不需要想像面具下的達斯．維達（Darth Vader）是什麼模樣，你在螢幕上就清楚看見他臉上每一道可怖的傷疤。

同理，電玩遊戲也不需要你發揮閱讀的想像力。動畫師已經為你打造出一個完整世界，有電腦合成的臉孔和專業配音。這些讓你不需付出任何腦力就更容易體驗電影、電視、電玩的故事。但這是個缺點。如果想像力是你腦中一條彎曲的肌肉，疏於使用將會使它逐漸虛弱萎縮。

某種程度而言，這是一個哲學的大哉問。想像力是否重要？

如果對你而言，先行於想像力的媒體經驗很重要，單靠電子書仍無法與電視、電影、電玩的猛烈攻勢相抗衡。

許多電子書仍以文字為主，少數電子書實驗嘗試融合電影與閱讀，如同將老虎和殺人鯨結合成為大怪獸。雖然這樣的實驗很有趣，但書本的未來並不是朝著這道方向前進。

不，書本的未來是要回歸想像力，回歸讀者與作者之間的共鳴，那份共鳴使讀者的心臟顫抖、脈搏加快。當殭屍在書頁裡衝來撞去，或是當一個受歡迎的角色被一把插進眼裡的刀殘暴殺害，他會因同理心而涔涔冒汗。以製作成本、特效的觀點來看，電影、電視、電玩遊戲勝過一本簡陋的書，但至今未曾有一部電影能讓你進入它的世界。讀者棲息於書本裡。他們鑽入哈比人佛羅多（Frodo）的地洞，和他一起蜷縮在裡面喝茶；相反的，唯一能「閱讀」電玩遊戲或電影的方法，就是不參與其中。

打個比方，我正在一架前往西雅圖的飛機上。當我沿著走道舒展筋骨時，看見許多Kindle。有時候飛機上Kindle的數量看起來比拉桿箱還多。但就算將所有的Kindle和蘋果iPad加起來，書本的數量還是占上風。至少在這架飛機上，有更多筆記型電腦和遊戲主機，有更多人在打電動和看電影，但書本的數量仍多出一倍。

我回座後，身旁的孩子正在玩電動遊戲。他完全沉浸在閃動光點的螢幕上，像鐘樓怪人一樣地弓著背，對螢幕畫面做出反應。那是反應模式：刺激與反應。我很清楚這些感覺，我對電玩遊戲不陌生，知道當你沉浸在一場遊戲裡時，其實十分消耗精力。

但接下來，當遊戲結束，你可以思考、謀略下一步並事先策畫。這就是你真正「閱讀」這個遊戲的時刻。同理，電影最貪婪的「讀者」，就是那些看完電影後癡纏不休的粉絲，他們想像自己是電影裡的角色，或事後買原著小說或導演剪接版的DVD，好研究電影裡所有的枝微末節。

我認為這個閱讀的新定義是未來書本的好兆頭，但它代表一種思想轉變。它代表，只要內容伴隨著想像力被閱讀，任何媒體經驗都可以像書一樣被閱讀。書本和其他形式的媒體都一視同仁。因為從哲學的觀點來說，我的確認為想像力有其重要性。我無法活在失去想像力的世界。

我想，我所認識最成功的人，無論是在亞馬遜、蘋果、Google或全世界的出版商，都是最有創意、最富有想像力的人。他們解讀經驗，不會只跟我聊昨天晚上電視演了什麼；他們會運用想像力將自己植入那些電視節目裡；他們會猜想，如果自己是《星際大爭霸》裡的賽隆人會如何；他們解讀媒體經驗，並將它應用於生活中；他們將媒體裡的細節拼接至他們的生活經驗，然後個人化。

我想任何媒體都能被解讀。電影不用成為《大國民》（*Citizen Kane*）一類的經典名片。什麼都可以，只要你能和它共鳴，並用自己的想像力解讀它。因為書本需要這樣的閱讀形式，無論是紙本或電子形式，至少對那些享受想像力閱讀的人們而言，這種閱讀形式會持續下去。

對這些人來說，書本需要被閱讀，也需要你的關注。而矛盾的是，因為書籍的本質並不像其他媒體，在視覺和聽覺上有一定的豐富性，所以書本更需要我們發揮想像力，填補我們對拼接細節的需求。這是一個美好的回饋機制，我們讀得愈多，就愈需要閱讀，且愈不滿足於那些迎合感官卻剝奪想像力的娛樂。讀者一旦上鉤，就不會放棄閱讀。

我們這些習慣深度共鳴的讀者，變得享受發揮想像力，因而上癮。最終，由於想像力是天生能力，沒有什麼科技銀彈能用在書本或電子書上，提升人們的閱讀率。就是行不通。不管你閱讀的是一本書還是一部電影，閱讀是一種表現出意志力、注意力、警覺性的個人舉動。閱讀源於內在，它消耗能量，卻也有大量的回饋。閱讀是一份源源不絕的禮物。至少，只要你能專注於你所閱讀的事物上。

書籤：注意力廣度

當零售商將賣點轉向平板，好讓你在多媒體裝置上消費更多時，我們發現，注意力變得稀薄，而且廣度……咦？我剛剛說了什麼？等等，讓我先檢查電子郵件，很快推特一下。

別誤會我了，在蘋果應用程式十幾億美元的營收中，我也貢獻出超過應有的額度，就算它有個缺點：當我用 iPad 閱讀時，我發現我常常從電子書切換到瀏覽器、臉書或其他裝置。那種電子書專用閱讀器或紙本書籍的單純閱讀經驗已經消失了。

我在 iPad 上閱讀時比較像是品嘗小點心而非享用正餐。當我閱讀時，腦海裡產生美妙的感受；當我探索那些假設性問題，推敲書中的層層意涵，大腦顳葉和頂葉因此被照亮。但在平板上，那道照亮的光十分微弱，我因此失去專注力。我算是超有紀律的人，所以這絕不是因為我容易分心的緣故。這些多功能的裝置雖然會是未來的主要趨勢，卻讓閱讀模式變得更難以專注。

這大有問題，因為當你的神智像日落後嘉年華會的飛蛾四處遊蕩，一攤接著一攤、一個燈光接著一個燈光笨拙地飛行，牠便再也回不到原來的地方。現在，如果我們往正確的方向閱讀，這種飛行將會有額外的好處。我們將能使用一些裝置當作輔助設備，方便我們查詢單字、上網找出隱藏意思或潛在意涵。理想上，這些功能應該是在閱讀時便可無縫呈現，我們才不會需要承受忘記看到哪裡或思緒被打斷的風險。

所以我們若非需要更好的裝置以免打斷閱讀，就是需要自我監督，像是把自己鎖起來，以免從書本晃出去收個電子郵件或上個網；或者是限制自己在閱讀時，一小時只能分心一次。也許未來老師將可以利用iPad的升級軟體將裝置鎖定在電子書模式，學生只能偶爾使用非電子書的功能。這種鎖定裝置對許多我認識的成年人來說一樣好用。

鎖定裝置並非唯一對我們有好處的東西。我想我們都能受惠於溫習數位保健、學習專注的課程。我想我們要學的是社群網路有多重要。二〇一二年雜誌媒體協會（Association of Magazine Media）的研究發現，Y世代的人比其他族群閱讀更多雜誌，不過這與使用社群網路增加的趨勢息息相關。讓我們把話攤開來說，電子書會愈來愈趨向社群活動，這兩者將會是個奇異的共生，就像蜂鳥與蘭花一樣，少了對方都無法繼續存活。數位圖書和社群網絡將出乎意料地形成聯盟，他們會一起在這日新月異的浪潮及變幻莫測的科技中存活下來。

儘管如此，我推崇如Kindle或Nook這類專用電子閱讀器，而非iPad這類平板電腦，其中一個原因在於它們有助你保持閱讀電子書的注意力。就像是實體書一樣，你會得到一場不被干擾的閱讀經驗。沒有閃爍煩人的光點、影片、線上交友廣告，也沒有需要回應的推特。當閱讀經驗開始包括太多令人分心的事物和內容轉變，我覺得憂心。我高度敏察媒體生態，因此會畫下底線。我認為我們所有人，包括孩子在內，都應該被鼓勵朝著專一體驗的方向前進，而不是分心的方向。

這些裝置正在降低孩子們的注意力廣度（attention span）。當他們學習閱讀時需要專注，以便成為好讀者，或更進一步成為好思考者。但我們超媒體化（hypermediated）的環境是一種持續干擾，所以他們常常以膚淺而漫不經心的方式學習閱讀，進而學習思考。一邊閱讀、一邊看電視，從來就行不通，更遑論我們的文化能接受這種行為。你必須選擇其中一種，專注其中。

但現在有了像iPad的裝置，你可以同時啟動許多功能，像是書看不下去時，就從閱讀跳去看影片。讓我們坦白說，我們的大腦很懶惰。你若問任何認知神經學家，他們都會告訴你，當我們需要完成任務時，大腦就變成一台逃避工作的機器。閱讀是一項艱難的工作。它是有所回饋沒錯，但是你必須主動開始這件事情。當你快速瀏覽過一本書，被動閱讀時，收穫遠比不上一邊讀一邊停下思考、逡巡字句之間、發現其中的幽默或諷刺，主動汲取的閱讀體驗。

也就是說，不是每個人都能專注。注意力不足過動症（ADHD）會造成注意力不集中、容易分心、行為混亂。注意力不足過動症的發生率愈來愈高。實際上，預估約有一成美國孩童罹病。我寫這本書時，醫生仍不確定注意力不足過動症的成因，但多數醫生同意，不該採取會使注意力更不集中的方式對抗這種病。我們頂多鼓勵這些孩童發展出一種規律模式，避免分心。使用iPad或其他多功能平板上的數位媒體只會加劇注意力不集中的問題。

不是只有兒童才會有注意力不足過動症，許多成人也是，而且愈來愈多。也許隨身攜帶智慧型手機、平板、筆電很重要，一直處在上網、聊天視窗、光彩奪目的數位視覺效果很重要，但這種混亂會使人衰弱。到最後，如果不強制遏止這種情況，我們可能就會陷入危機，成為一個注意力不足過動症國度，無法專注、參與活動、理性思考。

出路在哪裡？

簡單、活在當下、注意力。可能就像什麼都不做一樣簡單，只要這是正確的無所事事。威廉．鮑爾斯（William Powers）在著作《哈姆雷特也愛瘋：數位書房的哲學家》（*Hamlet's BlackBerry*）裡描述一道有用的技巧。他稱之為「瓦登湖區」，意指沒有電子產品的房間、你可以像梭羅（Thoreau）在湖濱一樣思考的房間。在那裡你可以沉思冥想、深思熟慮。理想情況中，你可不是在想《憤怒鳥》（*Angry Birds*）的下一關會是什麼，或是你該如何打破分數紀錄。

這是我應用在自己生活中的技巧。我總會在房子裡空出不放任何科技產品的房間，每年我也試著花幾星期到沒有電力的地方度個假。我試著與自己再次連結。即使你沒有注意力不足過動症的問題，這方式仍對你有用。

如果你培養出其他可以有效專注的技巧，何不分享給其他對電子書有熱情，但又擔心過度分心的人？如果你是家長或老師，這些日子以來，你對閱讀教學有什麼想法？當音樂、電視、網路、通訊軟體占用孩子們的注意力、帶他們遠離書本，你覺得孩子們仍然可以成為好讀者嗎？

http://jasonmerkoski.com/eb/22.html

23 結語：數位化的最終疆界

電子書革命中有個驚人現象：它吸引我們大量關注。十年前幾乎沒有人在談論書籍出版生意，連編輯和出版商都興趣缺缺，電影和電視節目才更令人興奮。時至今日，你幾乎每天都可以在網路或報紙上看到電子書革命的相關報導。為什麼它這麼引人入勝？

我相信，對人們而言，書籍有一種實在的特性。書籍反映出文化積累的重量，是類比資訊的最後堡壘。Kindle面世前，其他所有媒體都已完成數位化。音樂、電影、電視節目、電玩遊戲，甚至連新聞都可從網路立即下載、滿足即時需求。但書本仍保持印刷狀態。

但現在，這個類比資訊的最後堡壘、最後一道城池，終於出現裂縫，書本終將演變成可以數位下載的形式。隨著電子書到來，書本將從此不同以往。如今，我們的雙眼將愈來愈適應液晶螢幕和電子墨水顯示器，而非夜裡爐火餘燼殘光映照的書頁。過去蜷曲在被子裡就著手電筒微光閱讀隨夜幕降臨變得更嚇人的故事，我們的下一代將無法體會這種細緻感受。

往後幾年將是書籍出版業的關鍵時刻，它們正經歷一道從實體出版到數位化的轉變。這道數位化轉變並不局限於書籍，而是每一處。實體世界中我們習以為常的每樣東西現在都可能進入數位世界，包括我們自創作品的所有權這種核心概念，無論是不是數位。

當我們多數時間切換至臉書和推特、發電子郵件勝過面對面溝通，擁有某樣事物的意義，或是哈姆雷特（Hamlet）獨白中純粹的存在主義思維中所謂的「存在」意義為何？當原本放在堅實木製書架上的書，或是塞在一塵不染或是亂糟糟的床頭櫃上的書，都成了雲端上的電子書，這代表什麼？當書籍、歌曲、電影這些媒體都不再是指尖所能觸及的實體商品，又代表什麼？當我們將回憶上傳網路社群、將照片貼在分享網站Flickr，不再沖洗出來放入相本，這代表什麼？

這些問題都將持續存在，而且愈來愈難回答。

生活中的所有紙張、紀錄、收據都將走入數位化，在未來都可以瀏覽。我們可以用手持式裝置瀏覽我們的生活軌跡：蒐集來的公車票、曾經對我們意義非凡的情書等。

若延伸這項概念，我可以說，我們在這個數位世界裡過的生活將會像一九八〇年代電腦叛客（cyberpunk）小說作者想讓你相信的那樣：我們廉價出售家具，改以極簡的紙摺燈具或床具，不需要時便可一腳踩壞；我們會活在迷你倉儲大小的空間裡，與電腦連線；我們將只關心自己在虛擬世界的化身和他們的衣著打扮。雖然這只是對我們未來生活的一個延伸構想，但誰知道會不會發生？以數位方式生活來看，這件事所代表的意義仍有任何可能性。

近來我閱讀許多關於古文明七大奇觀的資料，特別是關於其中一些仍存於現今的證據。我以為埃及金字塔是唯一留存至今的七大奇觀，但事實上，所有古文明的遺跡都被流傳下來。地中海旁亞歷山大燈塔的磚石結構被地震摧毀後仍留有斷垣殘壁；亞特密斯神殿（Temple of Artemis）的碎片和雕像在早期考古學家的修復下，如今被收藏於大英博物館（British Museum）。已成為廢墟的摩索拉斯王陵墓（Mausoleum at Halicarnassus）的地下室，你可以到訪並沿著這個古代奇觀的遺跡漫遊。甚至有傳言說，支撐羅德島太陽神銅像的基座仍被保留在一座教堂內，離當初神像聳立的海灣距離一英里遠。誰知道？搞不好有一天會有楔形文字的碑片出土，上面描述巴比倫空中花園的建造計畫。

即使古代世界已被考古學家搜遍，他們總是會變出新東西。七大奇觀中最後一個奧林匹亞宙斯神像目前雖已不復見，但近日卻又發現製作神像的工廠遺跡。

我很驚訝這些古代奇觀的遺跡歷經千年猶存，這件事著實激勵了我。如果連這些石頭都能存留，數位化的個人當然也可以。我們將可以像躺在法老王太陽船內一樣永世流傳，以古代埃及人都無法想像的方式獲得永生。

也許是我近日剛好處於一種哀傷情緒中，但我想知道什麼原因會促使人們打造一個數位化的自己。我可否建造一個數位紀念碑給自己？或一座數位版的摩索拉斯王陵墓？這樣做是否將讓我的朋友和家人更加困惑，或者將成為一位瘋子曾渴求永生的證明，就像金字塔或是四十英尺高的宙斯神像一樣？

我的數位版替身能否在未來陪伴人們左右，跟他們說話，成為他們傾吐祕密的對象？我的數位版替身能否從自己或他人身上學習，進而巧妙地改變自己，就像我會做的一樣？會不會有個地方可供這些數位人聚在一起，一個類似喪葬場所或「第二人生」（Second Life）的虛擬世界那樣，讓他們談論過去的自己是什麼樣的人，或為不同意見爭論不休？

我不確定。但我就像那些瘋狂的金字塔建築師一樣，設法嘗試、探詢究竟會發生什麼事。一個數位化的自己如果能避免位元衰減，那就是某種形式的永生了。這是最古老的夢想之一，像浮士德（Faust）為了追求無限知識而渴求活得更久，只是少了一個訂定契約的魔鬼，但也或許是我還未曾注意到它的存在。

在《浮士德》的故事中，魔鬼向浮士德保證他可獲得所有想要的知識，交換條件則是總有一天魔鬼會奪走他的靈魂。但獲取知識只有在死亡的那一刻才能停。浮士德自然而然以此作為藉口，欺騙魔鬼以繼續活命。不幸的是，不管是在克里斯多夫·馬婁（Christopher

Marlowe）或是約翰・沃爾夫岡・馮・歌德（Johann Wolfgang von Goethe）的版本中，浮士德最終仍難逃一死。

追根究柢，浮士德仍是一個講究是非善惡的故事，傳遞出沒有人能長生不死、全知全能。但這不要緊，我知道我無法永遠活著，身體和心智會日漸孱弱，就像你和每個人一樣。但沒關係，只要透過我的數位化分身，我就還算活著，對吧？

事實上，回憶與心智的數位化，就是數位化最終的疆界。貝佐斯和賈伯斯的後起之秀，也許要花上一百年才能找出將人腦數位化，並可購買或下載的方法。但只要這件事發生了，這將是多麼驚人的體驗。去下載你已故的祖母，和她聊個幾小時，或是跟過去的自己聊一聊，或與歷史上那些不凡的賢人高談闊論或激辯一番。

例如，我正在讀著經典科幻著作，菲利普・狄克（Philip K. Dick）寫的《火星時間滑落》（*Martian Time-Slip*，暫譯），內容好看到令我目瞪口呆。如果我能下載作者，和他談論作品，我肯定開心得歡天喜地。但我現在能做到最接近的事情是和其他讀者一起討論作品，或是在已故作者的臉書粉絲團中貼文，很顯然這些遠遠不及和作者來一場貨真價實的對話。

當然，最有可能的情況會是由那些有錢企業家、科技先驅進行第一波數位化。他們將會是一百年後公眾閱覽資料裡免費供人下載的腦袋。而這些第一波被數位化的腦袋們品質想必欠佳，就像蠟製滾筒留聲機或早期的電子書。

就算使用當時公認的最好技術，這些第一波腦袋仍免不了顆粒感和低保真度，無法和未來後期出現可供下載的高保真度腦袋相提並論。所以這些第一波腦袋將會被發配邊疆到無人聞問的公眾檔案庫，就像加州大學聖塔芭芭拉分校的特藏部門。誰曉得，也許貝佐斯將把一座資料中心變成保存他大腦的建築。天啊！要是我有錢，我也會這樣做。

你不用相信我說的話，但可以從任何近代科幻小說裡看見相同的見解和衝動，追求摒棄肉身的數位生活。這些想法已出現在文化中。然而，我和你現在仍處在類比階段。我們的腳上會長出肉刺與皺紋。我們真切地喝了個爛醉，然後第二天真切地被宿醉折磨。這都是類比生活的一部分，這也沒所謂對錯。事實上，我還滿喜歡這些智慧的痕跡、頭痛、所有一切。

我會喜歡這一切，也許也是因為我沒有其他選擇的餘地。於是當我踢到腳趾，或是像耳朵這種奇怪的地方長了痘痘，我選擇看開。或者我喜歡類比生活模式是因為它帶給我許多美妙體驗，即認知科學家所謂的「感受狀態」（felt states），像是曬在皮膚上的陽光、新鮮藍莓的滋味，或春日早晨美妙清冽的氣息。我對我的類比生活如此滿意，而且會這樣滿意很久。

即使我身處在一個類比模式，仍可以讀一些很棒的電子書。

未來讀到這些的人有時可能會忘記，書本曾經不是數位產品。也許他們會帶著鄙夷的眼光回顧我們，因為我們的大腦沒有內建即時推特的功能；也許他們會輕視我們，因為我們與人做愛而不是使用電子高潮儀；也許他們會對我們大皺眉頭，因為我們還在用手指使用電腦軟體或寫電子郵件，這樣的原始程度簡直跟猿人大同小異；因為我們是整天都裹著破布為孱弱身軀保暖的可憐生物。

我只能懇求那些未來讀到這篇訊息的人們，請記住，要不是因為我們，就不會有現在的電子書，未來便不會如此豐富細緻；若不是我們，未來的讀者就不可能藉著讓大腦浸在乙太中神遊太虛、周圍環繞著從人類文化中汲取而出的數位化書本、影片、音樂，好似一場大腦饗宴。那些在多年後讀著這篇訊息的人們請別忘了，未來不會一直都是數位形式，書也不是一直都是電子化格式。

因為要是沒有電子書革命，這些未來可能都不會發生。

§

電子書革命是一則由一小群人開始改變世界閱讀方式的故事。我先前提到，我和貝佐斯曾一起開會，審視一頁電子書應該列出幾行。那次經驗毛骨悚然卻又驚奇萬分，因為那種思維也曾發生在五百多年前的古騰堡身上。亞馬遜這一群人就像古騰堡團隊，以他們的方式從無到有重新創造閱讀。而我們成功了。閱讀不僅僅被改造，也再次被啟動。

但這場成功也要付出代價，意外的後果伴隨而來：許多電子書僅在亞馬遜書店上架。對亞馬遜和其他裝置製造者而言，跟上這場競爭愈來愈重要，這代表電子書裡某些創新的特色會被犧牲，好讓資源可被投注在與其他對手的軍備競賽中。這些電子書的創新特色總有一天會重新面世，我並不擔心。

亞馬遜發起電子書革命，但現在，書籍的未來卻掌握在亞馬遜花園圍牆外的人們、掌握在創新的出版商、創投挹注的新創公司，或是無畏陳規舊俗的推動者。全世界的創新構想紛紛出籠，不再握於亞馬遜或其他科技龍頭的手上。我相信小型、靈敏、目標導向的團隊會成功建造出電子書的特色。當然，一如以往，讀者永遠是最後贏家。

創新激起電子書革命。當亞馬遜或蘋果這些企業如鬥牛般在競爭中纏鬥，創新便出走到世界其他地方。出版商、作者都可以是創新者，讀者自己也可以是創新者。

我們身為讀者，有能力重塑書本的未來。

我們能以新方式將書本和我們的生活重新貼合在一起，再次點燃閱讀的火花。在我們這一代，人們對書本已經失去興趣，反被電視、電影、電玩和網路所吸引。但現在書本又再次被賦予活力。閱讀從來不曾如此趣味盎然，而這一切都多虧了電子書。

先前我說過，對大腦而言，紙本書上的文字和電子書上沒有分別，但電子書帶給我們的不只是文字而已。電子書將我們帶入人群，當電子書出現在一旁時，我們和朋友家人會有更多話題。電子書革命已為閱讀注入新生命。若說閱讀能在我們注意力不足過動症的文化中仍占有一席之地，那得要感謝閱讀二・〇的創意和那些在出版業、零售業、科技新創公司裡大大小小的先驅們。

我很高興自己貢獻棉薄之力，促成電子書革命。我為數位書籍付出許多；我調整過幾次Kindle的飛輪。我翻開歷史新頁，將紙本書轉變為電子書。我燒毀書頁、搧風點火，燃起一場革命。

我很高興和其他人一起參與催生Kindle的過程，那些人我有時想起、有時忘記，但都充滿魅力與個性。Kindle團隊個性十足，至少足以列出卡司來拍電影：搞不定黑莓機的副總裁、貝佐斯執行助理的無窮陣隊，穿著沾有烤肉醬污漬的上衣、辯論著殺人鯨對上老虎殊死戰的工程師。他們都是這場神奇、革命性的電子書革命中的一分子。一如古騰堡當時發明書本一樣。

我們當然不會知道，古騰堡的工廠裡是什麼光景，但我們可以想像，在漆黑室內有著油煙與煤灰；我們彷彿聽見鎔鑄的金屬液倒入模具的聲音，間歇夾雜著工人因燙傷發出的叫聲，也許是一道濺在皮膚上的金屬液，或是誰的手指在印刷時被壓到。一切在亞馬遜都簡單得多，不見融化金屬的意外事故就可點燃一場革命。

我們的成就對即將到來的幾十年、幾百年影響深遠，但亞馬遜終究將成為歷史書，或歷史電子書裡的另一個名字。也許未來將沒有人會討論貝佐斯或賈伯斯；也許在未來，公司組織會被視為人，寫下我們這段歷史的將會是類似蘋果、網站典藏計畫館、Google等機構。也許公司的歷史會被其他公司記錄下來。在遙遠的未來，很有可能沒有人會記得像你、我這樣的人曾將電子書帶入生活；沒人記得我們曾成就過一場沒有聲息、沒有流血的革命。沒關係，我們做到了，即使沒有人知道。

我們成功了。我希望在這樣的企業文化中，人們能花時間好好地慶祝一番。我希望貝佐斯能帶我們所有人、所有Kindle團隊成員到一個大舞廳，我希望他能絕口不提飛輪或任何公司的事。

我希望我們都能暫時放下手邊工作，慶祝我們已有的成就；我希望我們無須言語就能觸及他人，握著彼此的手，笑得像孩子般，圍成一圈跳舞。我們將薪水、政治立場放一邊、將人與人之間的差異放一邊，每個人只要手牽著手，在向觀眾鞠躬前按下暫停，好似歷史書上的這個章節就此結束，像是帷幕落下舞台一般。

在這個夢裡，不僅只有亞馬遜員工，連蘋果員工也群聚在這個大舞廳的隔壁狂歡。每一個只要有一丁點在乎電子書或蘋果平板電腦的人也同樣在慶祝。不再有那些企業的陳腔濫調、簡報，只有軟木塞飛彈出酒瓶、酒液奔流、人們大快朵頤、翩翩起舞、談笑風生，像兒時般天真無邪，純然開懷地慶祝。沒錯，再過去隔壁的舞廳裡有Google的員工，再下去則是在邦諾書店工作的人。每個過去或現在的人都在慶祝。

電子書讓我們遇見許多很棒的事。但我們都是附和者，都是受惠於過去的機會主義附和者，遠溯自書本起初被發明的古騰堡時期。當舞廳的幻覺逐漸消失，我可以在腦海裡看見，一個西元一四五〇年代的夏日午後，在那風景的遠處有著古騰堡和他的團隊從工廠裡走出來的朦朧影像。他們手上有著墨漬、上衣有著弄髒的鉛字。也許古騰堡自己就有著一杯黑莓酒或一杯啤酒，舉杯慶祝第一本《聖經》誕生，它開啟隨後這一切。每個人慶祝這墨印濃厚的書本翱翔飛入雲端。

http://jasonmerkoski.com/eb/23.html

致謝

如果我可以在臉書塗鴉牆上珍藏任何人，一輩子追蹤關注，那將會是以下這些人：

我要感謝我的出版商多明妮克・蕾卡，她有遠見、有毅力可以幫助這本書順利出版。作者一般很少有機會可以和他們的出版商坐在時髦的咖啡館裡談話，但這正是此書誕生的源頭。我想感謝我的編輯史蒂芬妮・鮑溫（Stephanie Bowen），她將這本書改造成一具可以沉思凝望時空的潛望鏡，以供前瞻、回顧電子書的歷史。我要把一切都歸功我的公關經理海瑟・摩爾（Heather Moore），她十分成功地把這本書推銷到全世界。我要感謝亞馬遜的傑夫・貝佐斯、史帝夫・凱瑟（Steve Kessel）、菲利克斯・安東尼（Felix Anthony）和包伯・古德溫（Bob Goodwin），他們都不遺餘力地傳授所有我想學習的創新之道。我得感謝老爸保羅（Paul），他引領我認識新聞用紙的氣味和偉大作品的文字火花；老媽凱伊（Kay）在我年幼時鼓勵我暑假要認真閱讀、努力玩耍。最後要感謝希拉蕊（Hilary），當我們都還是遲疑躊躇的青少年時，她就與我分享她的書，自此以後，我們互享更多。關係這個字眼不足以說明我們所擁有的一切，更貼切的說法是喜笑顏開的關係，所以，不如稱為喜伴關係。這是一段每天都愈燒愈旺的喜伴關係。謝謝大家。

新商業周刊叢書 BW0541

下一波數位化浪潮

原 書 名／Burning the Page: The eBook Revolution and the Future of Reading
作 者／傑森・莫克斯基（Jason Merkoski）
譯 者／吳慕書
企劃選書／鄭凱達
責任編輯／鄭凱達
校 對／吳淑芳
版 權／黃淑敏
行銷業務／周佑潔、張倚禎

國家圖書館出版品預行編目（CIP）資料

下一波數位化浪潮／傑森・莫克斯基（Jason Merkoski）著；吳慕書譯. -- 初版. -- 臺北市：商周出版：家庭傳媒城邦分公司發行, 2014.08
面； 公分. --（新商業周刊叢書；BW0541）
譯自：Burning the page : the ebook revolution and the future of reading
ISBN 978-986-272-631-0（平裝）
1. 電子書 2. 電子出版 3. 閱讀
487.773 103013939

總 編 輯／陳美靜
總 經 理／彭之琬
發 行 人／何飛鵬
法律顧問／台英國際商務法律事務所 羅明通律師
出 版／商周出版
臺北市104民生東路二段141號9樓
電話：(02) 2500-7008 傳真：(02) 2500-7759
E-mail: bwp.service @ cite.com.tw
發 行／英屬蓋曼群島商家庭傳媒股份有限公司 城邦分公司
臺北市104民生東路二段141號2樓
讀者服務專線：0800-020-299 24小時傳真服務：(02) 2517-0999
讀者服務信箱E-mail: cs@cite.com.tw
劃撥帳號：19833503 戶名：英屬蓋曼群島商家庭傳媒股份有限公司城邦分公司
訂購服務／書虫股份有限公司客服專線：(02) 2500-7718；2500-7719
服務時間：週一至週五上午09:30-12:00；下午13:30-17:00
24小時傳真專線：(02) 2500-1990；2500-1991
劃撥帳號：19863813 戶名：書虫股份有限公司
E-mail: service@readingclub.com.tw
香港發行所／城邦（香港）出版集團有限公司
香港灣仔駱克道193號東超商業中心1樓
E-mail: hkcite@biznetvigator.com
電話：(852) 25086231 傳真：(852) 25789337
馬新發行所／城邦（馬新）出版集團
Cite (M) Sdn. Bhd.
41, Jalan Radin Anum, Bandar Baru Sri Petaling, 57000 Kuala Lumpur, Malaysia.
電話：(603) 9057-8822 傳真：(603) 9057-6622 E-mail: cite@cite.com.my

封面設計／黃聖文
印 刷／鴻霖印刷傳媒股份有限公司
總 經 銷／高見文化行銷股份有限公司 新北市樹林區佳園路二段70-1號
電話：(02) 2668-9005 傳真：(02) 2668-9790 客服專線：0800-055-365

■2014年8月14日初版1刷 Printed in Taiwan

定價370元

ISBN 978-986-272-631-0

城邦讀書花園
www.cite.com.tw

商周出版

廣 告 回 函
北區郵政管理登記證
台北廣字第000791號
郵資已付，免貼郵票

104台北市民生東路二段141號2樓

英屬蓋曼群島商家庭傳媒股份有限公司

城邦分公司　收

請沿虛線對摺，謝謝！

商周出版

書號：BW0541　　書名：下一波數位化浪潮　　編碼：

請於此處用膠水黏貼

商周出版

讀者回函卡

感謝您購買我們出版的書籍！請費心填寫此回函卡，我們將不定期寄上城邦集團最新的出版訊息。

不定期好禮相贈！
立即加入：商周出版
Facebook 粉絲團

姓名：______________________ 性別：□男 □女

生日：西元__________年__________月__________日

地址：______________________

聯絡電話：______________ 傳真：______________

E-mail ：

學歷：□ 1. 小學 □ 2. 國中 □ 3. 高中 □ 4. 大學 □ 5. 研究所以上

職業：□ 1. 學生 □ 2. 軍公教 □ 3. 服務 □ 4. 金融 □ 5. 製造 □ 6. 資訊

□ 7. 傳播 □ 8. 自由業 □ 9. 農漁牧 □ 10. 家管 □ 11. 退休

□ 12. 其他______________________

您從何種方式得知本書消息？

□ 1. 書店 □ 2. 網路 □ 3. 報紙 □ 4. 雜誌 □ 5. 廣播 □ 6. 電視

□ 7. 親友推薦 □ 8. 其他______________________

您通常以何種方式購書？

□ 1. 書店 □ 2. 網路 □ 3. 傳真訂購 □ 4. 郵局劃撥 □ 5. 其他______

您喜歡閱讀那些類別的書籍？

□ 1. 財經商業 □ 2. 自然科學 □ 3. 歷史 □ 4. 法律 □ 5. 文學

□ 6. 休閒旅遊 □ 7. 小說 □ 8. 人物傳記 □ 9. 生活、勵志 □ 10. 其他

對我們的建議：______________________

____

____

請於此處用膠水黏貼